太 阳 石 系 列 科 普 丛 书

SUNSTONE POPULAR SCIENCE SERIES

发现太阳石

EXPLORING THE SUNSTONE

王国法　吴群英　张　宏　　主编

中国科学技术出版社　科学出版社

·北 京·

图书在版编目（CIP）数据

发现太阳石 / 王国法，吴群英，张宏主编 . — 北京：
中国科学技术出版社：科学出版社，2023.10
（太阳石系列科普丛书）
ISBN 978-7-5236-0279-9

Ⅰ.①发… Ⅱ.①王… ②吴… ③张… Ⅲ.①煤炭—
普及读物 Ⅳ.① TD94-49

中国国家版本馆 CIP 数据核字（2023）第 140875 号

策划编辑	秦德继　徐世新
责任编辑	向仁军
封面设计	锋尚设计
正文排版	锋尚设计
责任校对	张晓莉
责任印制	李晓霖

出　　版	中国科学技术出版社　科学出版社
发　　行	中国科学技术出版社有限公司发行部
地　　址	北京市海淀区中关村南大街 16 号
邮　　编	100081
发行电话	010-62173865
传　　真	010-62173081
网　　址	http://www.cspbooks.com.cn

开　　本	710mm×1000mm　1/16
字　　数	234 千字
印　　张	14.25
版　　次	2023 年 10 月第 1 版
印　　次	2023 年 10 月第 1 次印刷
印　　刷	北京中科印刷有限公司
书　　号	ISBN 978-7-5236-0279-9/TD·51
定　　价	98.00 元
审 图 号	GS 京（2023）1894 号

太阳石系列科普丛书
编委会

主　　编：王国法　吴群英　张　宏

编　　委：（以姓氏笔画为序）

　　　　　丁　华　　马　英　　王　佟　　王　蕾　　王丹丹　　王苏健

　　　　　王忠鑫　　王保强　　王海军　　亓玉浩　　石　超　　白向飞

　　　　　巩师鑫　　毕永华　　任怀伟　　刘　贵　　刘　虹　　刘　峰

　　　　　刘俊峰　　许永祥　　孙春升　　杜毅博　　李　爽　　李世军

　　　　　杨清清　　张玉军　　张金虎　　陈佩佩　　苗彦平　　呼少平

　　　　　岳燕京　　周　杰　　庞义辉　　孟令宇　　赵路正　　贺　超

　　　　　黄　伟　　龚　青　　常波峰　　韩科明　　富佳兴　　雷　声

《发现太阳石》编委会

主　　编：王国法　吴群英　张　宏

执行主编：陈佩佩　王　佟

编 著 者：（以姓氏笔画为序）

　　　　　王　佟　　王庆伟　　王苏健　　王保强　　孔庆虎　　刘天绩

　　　　　江　涛　　李换浦　　张沛悦　　陈佩佩　　林中月　　孟令宇

　　　　　赵　欣

插　　图：龚　青　付元奎

太阳石系列科普丛书简介

太阳石系列科普丛书由中国工程院院士王国法等主编，近百位科学家参与编写，由中国科学技术出版社与科学出版社联合出版。一期出版四册，分别是：《发现太阳石》《开采太阳石》《百变太阳石》和《太阳石铸青山》。

穿透时空，穿透大地，太阳把能量传给森林植物，历经亿万年地下修炼，终成晶石——"太阳石"。太阳石系列科普丛书探秘太阳石的奥秘，剥开污涅，呈现煤的真身。

太阳石系列科普丛书从地质学、采矿学、煤化学、生态学、机电工程、信息工程、安全工程和管理科学等多学科融合视角，系统介绍煤炭勘探与开发、清洁利用和转化、矿区生态保护与修复的科学知识，真实呈现现代煤炭工业的新面貌，剥开污名化煤炭的种种错误认知，帮助读者正确认识煤炭和煤炭行业。

太阳石系列科普丛书适合青少年等各类读者阅读，也适合矿业从业人员的业务素养提升学习。

开篇序言

　　煤炭是地球赋予人类的宝贵财富，在地球漫长的运动和变化过程中，太阳穿透时空，穿透大地，把能量传给森林植物，大量植物在泥炭沼泽中持续地生长和死亡，其残骸不断堆积，经过长期而复杂的生物化学作用并逐渐演化，终成晶石——"太阳石"，一种可以燃烧的"乌金"。

　　人类很早就发现并使用煤炭生火取暖。18世纪末，西方开始使用蒸汽机，煤炭被广泛应用于炼钢等工业领域，成为工业的"粮食"。从19世纪60年代末开始，煤炭和煤电的利用在西方快速发展，推动了第二次工业革命，催生了现代产业和社会形态。第二次工业革命促进了生产关系和生产力的快速发展，人类进入"电气时代"，煤炭与石油成为世界的动力之源。从20世纪40年代起，核能、电子计算机、空间技术和生物工程等新技术的发明和应用，推动第三次工业革命不断向纵深发展，技术创新日新月异，煤炭从传统燃料向清洁能源和高端化工原材料转变，成为能源安全的"稳定器"和"压舱石"。在已经到来的第四次工业革命中，煤炭的智能、绿色开发和清洁、低碳、高效利用成为主旋律，随着煤炭绿色、智能开发和清洁、低碳、高效转化利用技术的不断创新，将使我国煤炭在下个百年中继续成为最有竞争力的绿色清洁能源和原材料之一。

　　能源和粮食一样，是国家安全的基石。我国的能源资源赋存特点是"富煤、贫油、少气"，煤炭资源总量占一次能源资源总量的九成以上，煤炭赋予了我们温暖，也赋予了社会繁荣发展不可或缺的动力和材料。我国有14亿人口，煤炭、石油和天然气的人均占有量仅为世界平均水平的67%、5.4%和7.5%。开发利用好煤炭是保持我国经济社会可持续高质量发展的必要条件。

　　煤炭深埋地下，需要地质工作者和采煤工作者等共同努力才能获得。首先需要经过地质勘探找到煤炭，弄清煤层的分布规律和赋存条件，这就是煤炭地质学家的工作。煤炭开发首先要确定开拓方式，埋深较浅的煤层可以采用露天开采，建设露天煤矿；埋深较深的煤层可以采用井工地下开采，建设竖井或斜井，到达地下煤层后再打通巷道通达采区各作业点，这就是建井工程师的工作。接下来，采矿工程师和装备工程师需要完成井下巨系统的设计和运行，把煤炭从地下采出并运送到地面煤仓和选煤厂，经过分选的煤炭最终才能被运送给用户。

煤炭就是"太阳石"，是一种既能发光发热又能百变金身的"乌金"。它不仅可以用于超超临界燃煤发电和整体煤气化联合循环发电，实现近零碳排放，还可以高效转化为油气和石墨烯等一系列高端煤基材料，亦可作为航天器燃料和多种高科技产品的原材料。煤炭副产品还可以循环利用，促进自然生态绿色发展。

过去的煤矿和所有矿山开发一样，在给予人类不可或缺的物质财富的同时，会造成生态环境的损害，如采空区、塌陷区、煤矸堆积区等产生的环境负效应。然而，现代绿色智慧矿山开发注重与生态环境协调发展，在采矿的同时进行生态保护和修复。矿业开发投入了大量资金，也产出了巨额财富，促进了资源地区的社会经济发展，大幅度增加了生态治理的投入能力，内蒙古鄂尔多斯—陕北榆林煤田开发30多年来生态环境明显向好，把昔日的毛乌素沙漠变成了鸟语花香的绿洲，这是煤炭开发促进地区绿色发展的最有力证明。

今日的现代化煤矿已不是昔日的煤矿，今日的煤炭利用也不仅是昔日的烧火做饭。当今的智能化煤矿，把新一代信息技术与采矿技术深度融合，建设起完整的智能化系统，并且把人的智慧与系统智能融为一体，实现了生产力的巨大进步，安全生产得到了根本保障。当前，我国智能化煤矿建设正在全面推进，矿山面貌焕然一新，逐步实现煤矿全时空、多源信息实时感知，安全风险双重预防闭环管控；全流程人—机—环—管数字互联高效协同运行，生产现场全自动化作业。煤矿职工职业安全和健康得到根本保障，煤炭企业价值和高质量发展有了核心技术支持。

长期以来社会对煤矿和煤炭的认知存在很多误区，煤矿和煤炭被污名化。本套太阳石系列科普丛书，包括《发现太阳石》《开采太阳石》《百变太阳石》《太阳石铸青山》四册，从地质学、采矿学、煤化学、生态学、机电工程、信息工程、安全工程和管理科学等多学科融合视角，系统介绍煤炭勘探与开发、清洁利用和转化、矿区生态保护与修复的科学知识，力求全维度展示现代煤矿和煤炭利用的真面貌，真实讲述煤炭智能、绿色开发利用的科学知识和价值，真实呈现现代煤炭工业的新面貌，正本清源，剥开污名化煤炭的种种错误认知，帮助读者正确认识煤炭和煤炭行业。

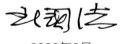

2023年8月

目录

它深埋于地下，历经亿万年的锤炼，才蜕变为今天的煤炭。

它凝聚着太阳的精华，蕴藏着巨大的能量，被称为太阳石。

纯黑的外表掩藏不住它炙热的内心，等待着人们的发现。

运用现代科技的力量，探秘太阳石宝藏。

追寻远古太阳的足迹，为人类带来光明和温暖。

太阳石的形成

嘿，亲爱的读者，你知道吗？外表"黑乎乎"的煤炭，能为我们提供丰富的热能、光明、电力、天然气、化工品和关键金属等生产生活所需的能量与物质，被称为太阳石。能量满满的太阳石为什么有这么"深厚的内力"？又是怎么修炼出这一身"看家本领"的呢？其实啊，煤炭是一种化石，是以植物为主的古生物遗体经过漫长的地质作用形成的能源矿产，是以碳氢化合物及其衍生物为主的复杂混合物。如果把人类视为地球最宝贵的子女，煤炭可以说是地球母亲耗费亿万年的时间为人类储备的丰富能源宝藏。

凤凰涅槃，百炼成『煤』

人们很难想象绿色的小草和树木是怎么演变成黑色的煤炭，煤炭是如何将那些来自太阳的能量储存在自己的身体中的呢？其实，这就是大自然的神奇之处。科学家们进行了大量的研究，并将这一过程命名为"成煤作用"。

植物是形成煤的主要来源。亿万年前，大量植物在泥炭沼泽中持续地生长和死亡，其残骸不断堆积，首先形成了泥炭。经过长期而复杂的生物化学、地球化学、物理化学作用和地质化学作用逐渐演化成煤炭。这一过程大致可以分为两个阶段。

泥炭化作用：植物遗体中的有机化合物分解为简单、化学性质活泼的化合物，进一步合成新的较稳定的有机化合物，如腐殖酸、沥青质等。

煤化作用：泥炭形成后，由于盆地沉降而被埋藏于地下深处，在较高的温度、压力条件下，经过复杂的物理、化学作用，逐渐形成褐煤、烟煤、无烟煤。

犹如凤凰涅槃般，在温度、压力、微生物等共同形成的"烈火"中锤炼亿万年，才得到了如今的太阳石——煤炭。

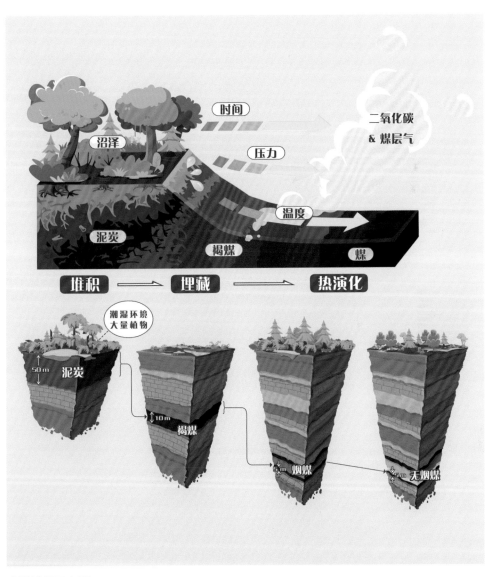

成煤过程示意图

成煤物质来源

　　煤层（原位泥炭在长距离上的堆积）和分散的陆源性沉积有机物共同构成了一种复杂的源—汇系统，其中有机质包括有泥炭沼泽的原位堆积、流水搬运的有机质和长距离分散运移沉降的有机质。煤中矿物和元素主要来自外部物源输送，煤中的锗、铝、镓等矿产和金属元素的富集，主要来自周边花岗岩类、风化壳铝土矿等物源区补给和长英质火山灰输入补给。煤系，包括煤层（收敛在原位泥炭沼泽的巨量有机质）和地面分散的有机质，以及流水等搬运的元素和无机矿物，共同构成了煤系源—汇系统。

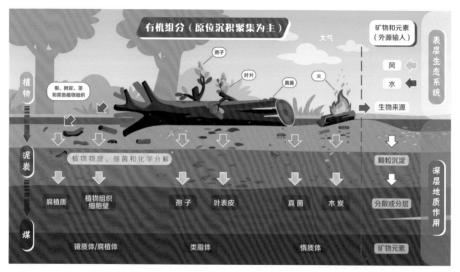

主要成煤物质来源示意图

树叶化石

太阳石在哪里形成的

地球上植物分布范围很广，陆地上基本都有植物生长，但煤炭却不是到处都有，这主要是由植物所处的不同的环境决定的。大家一定会问什么样的环境下才能形成煤炭呢？这就需要了解地球上不同的沉积环境和它们的特点。

在地壳表面上，沉积物形成的环境复杂多样，各种沉积环境在空间上的规律性配置，构成三大类沉积环境组合，即大陆环境、海洋环境和介于二者之间的海陆过渡环境。

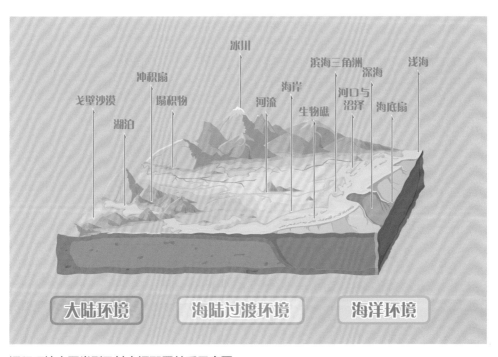

沉积环境主要类型及其空间配置关系示意图

沉积环境

　　沉积环境指岩石在沉积和成岩过程中所处的自然地理条件、气候状况、生物发育状况、沉积介质的物理化学性质和地球化学条件。一般可分大陆环境、海陆混合环境和海洋环境三大类，以及若干小环境，如沙漠、三角洲、海底扇、陆棚、深海平原等。大陆环境包括陆地环境（冰川及沙漠环境）、河流环境、湖泊和沼泽环境、洞穴环境。海陆混合环境又称海陆过渡环境，包括滨海、三角洲、边缘潟湖和河口湾环境。海洋环境分浅海、半深海和深海环境。

粉红色的极咸锡瓦什湖，被微藻着色，结晶盐沉积，也被称为腐烂的海

苔藓沼泽（大陆环境）

海南红树林（大陆环境）

冲积平原（大陆环境）

牛轭湖（大陆环境）

若尔盖草本沼泽（大陆环境）

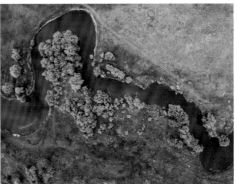
曲流河（大陆环境）

三角洲（海陆过渡环境）

障壁岛（海陆过渡环境）

海洋沉积物（海洋环境）

水下植物（海洋环境）

现今不同类型的沉积环境

🔥 **知识卡**

泥炭沼泽

地表土壤经常比较湿润或有薄层积水的地段，其上生长着大量沼泽植物，其下有泥炭形成和积累。通常潮湿的气候、起伏和缓的地形、排水不畅的水文状况、繁茂的植被，以及稳定而持久的或缓慢下沉的构造条件等诸因素的相互配合，是有利于泥炭聚积的自然条件。

煤炭的前身——泥炭沼泽主要形成于地表充分湿润、季节性或常年积水、丛生着喜湿性沼泽植物的低洼地段，广泛分布于从大陆到过渡地带的不同沉积环境。

冲积扇环境中，扇前洼地和扇体朵叶之间的低洼地段往往有利于泥炭沼泽发育。

河流环境中，河漫滩、泛滥平原以及废弃河道、牛轭湖等均是泥炭沼泽发育的重要场所。

湖泊环境中，随着湖泊的淤浅以及沼泽由岸边向湖心的推进，原来的整个湖泊均有可能泥炭沼泽化。

三角洲环境中，上三角洲平原河漫滩以及下三角洲平原分流河道间湾具备泥炭沼泽发育的条件，尤其是上、下三角洲平原之间的过渡地带往往最有利于泥炭沼泽发育。

障壁海岸环境中，潟湖周缘潮坪地带往往发育泥炭沼泽，随着潟湖逐渐淤浅，泥炭沼泽可向潟湖中央推进，进而占满整个潟湖地区。

总之，沉积环境中水动力条件、陆源碎屑输入状况、水介质化学性质以及沼泽基底稳定性等的不同，会造成泥炭物质组成、泥炭层厚度和侧向稳定性等方面存在差异，直接影响着煤炭的开采。

植物出现以来，各个时期都有植物生长，但却不是所有地层中都有煤，大家一定会问什么时候会形成煤炭呢？这就需要我们穿越时空，在以"百万年"为单位的地质历史时期中寻找答案。

地球生命演化历史可分为四个阶段，即冥古宙、太古宙、元古宙和显生宙。冥古宙与化学进化关系密切，到太古宙、元古宙和显生宙时期，生物进化速度加快，生命形态向复杂化、高级化方向进化。随着地球历史的演化，植物逐渐从低等植物进化到高等植物。

孕育于自然界碳循环中的煤炭，其成长过程与地球约46亿年漫长演化历史中植物的兴、盛、衰、亡进化过程有着重要的联系，影响着不同地质时期成煤物质组成和煤炭的特性，所以我们要了解主要的煤炭形成时期，科学家们称为"聚煤时期"。

地质时间螺旋

代 (Era)	纪 (Period)		距今 时间 (Ma)	主要生物事件或代表化石		
				动物界(Animalia)	植物界(Plantae)	
Cenozoic 新生代	第四纪 Quaternary		2.59	←人类出现		被子植物时代
	新近纪 Neogene		23.03	哺乳类时代		
	古近纪 Paleogene		65.50			
Mesozoic 中生代	白垩纪 Cretaceous		141.5	←恐龙大灭绝 恐龙时代 爬行类时代	被子植物出现	裸子植物时代
	侏罗纪 Jurassic		199.6	鸵鸟类出现		
	三叠纪 Triassic		252.17	←哺乳动物出现		
古生代Paleozoic	晚古生代L	二叠纪 Permian	299	两栖类时代	种子植物出现	蕨类时代
		石炭纪 Carboniferous	359.6	←爬行动物出现		
		泥盆纪 Devonian	416.0	←陆生四足动物出现	←种子植物出现	
	早古生代E	志留纪 Silurian	443.8	鱼类时代		裸蕨类时代
		奥陶纪 Ordovician	485.4	←原始鱼出现	←陆生维管植物出现	
		寒武纪 Cambrian	541.0	←寒武纪大爆发		
Neoproterozoic 新元古代	末元古纪 Neoproterozoic Ⅲ		635	←埃迪卡拉生物群		藻类时代
	成冰纪 Cryogenian		780	←动物出现	←多细胞藻类大发展	
	拉伸纪 Tonian		1000	叠层石繁盛		
中元古代 Mesoproterozoic			1800			
古元古代 Paleoproterozoic			2500	←真核生物出现		
太古宙 Archean			3900	←原始生命出现		
冥古宙 Hadean			4500	地球形成		

地质年代表和主要生物事件

煤多来源于高等陆生植物，其性质和聚集规模受生物界演化进程的影响。所以，煤炭并不是任何时期都可以形成的，地球历史上只有几个时期可以形成煤炭。主要包括三大聚煤时期。

我们以地球的地质年代为顺序，可以总结出：早泥盆世以前为低等植物（菌藻类）发育时代，那时还没有高等植物出现，没有大规模的聚煤作用。低等植物经过一系列复杂变化形成的煤，灰分很高，发热量较低，称为"石煤"，如中国南方寒武纪的"石煤"。

寒武纪海底环境

寒武纪的植物

一种始见于早寒武纪世的棘皮动物
——海百合

在约4.1亿年前的志留纪末至泥盆纪初，植物界进入裸蕨时代并登陆，开始了高等植物演化及工业性煤层聚集的地质进程，在中国部分地区形成角质残植煤。

泥盆纪蕨类植物瓦蒂萨（Wattieza）树　　中国北疆泥盆纪角质残植煤

第一章　太阳石的形成

约3.7亿年前的晚泥盆世出现蕨类植物，陆生植物开始繁盛，石炭—二叠纪蕨类植物的繁盛导致全球性聚煤作用的发生，这是地球上最重要的聚煤时期。

石炭 — 二叠纪的蕨类植物

沉积物中的化石三叶虫印记

知识卡

蕨类植物——最古老的陆生植物

蕨类植物是最古老的陆生植物。在生物发展史上，3.5亿年到2.7亿年前的泥盆纪晚期到石炭纪时期，是蕨类植物最繁盛的时期，为当时地球上的主要植物类群。二叠纪末开始蕨类植物大量绝灭，其遗体埋藏地下，形成煤炭。

约2.6亿年前出现了裸子植物，侏罗—白垩纪裸子植物的繁盛导致中国北方出现了广泛而持久的聚煤作用。

侏罗纪时代的地球

白垩纪时代的地球

苏铁属
——裸子植物

约0.9亿年前出现的被子植物在新生代的繁盛是南、北半球形成巨厚煤层的重要原因。

被子植物五颜六色的花朵

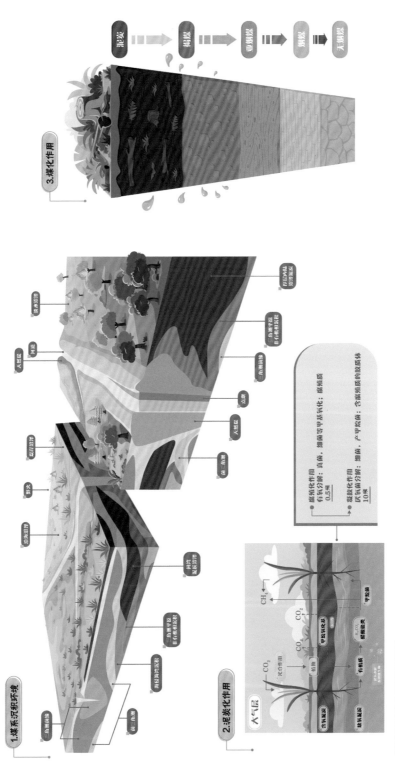

成煤环境和过程示意图

地质年代表

按时代早晚顺序表示地质时期的相对地质年代和同位素年龄值的表格。根据生物的发展和岩石形成顺序，将地壳历史划分为相对地质年代；根据岩层中放射性同位素衰变产物的含量，测定出地层形成和地质事件发生的绝对地质年代。

下图翻译自Dylan Glbson创作作品

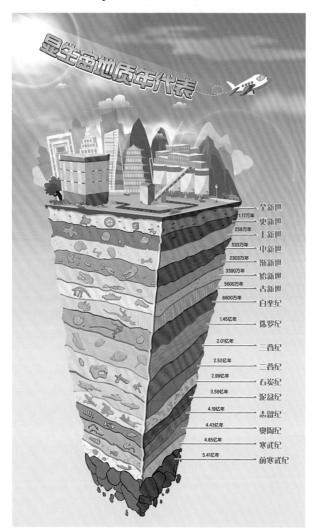

1.17万年	全新世
258万年	更新世
533万年	上新世
2303万年	中新世
3390万年	渐新世
5600万年	始新世
6600万年	古新世
1.45亿年	白垩纪
2.01亿年	侏罗纪
2.52亿年	三叠纪
2.99亿年	二叠纪
3.59亿年	石炭纪
4.19亿年	泥盆纪
4.43亿年	志留纪
4.85亿年	奥陶纪
5.41亿年	寒武纪
	前寒武纪

新生包含三四纪，

六千万年喜山期，

中生白垩侏罗三，

燕山印支两亿年，

古生二叠石炭泥，

志留奥陶寒武纪，

震旦青白蓟长城，

海西加东到晋宁。

——地质年代歌谣

煤层

正在开采的煤田

太阳石的『修炼地』
——含煤盆地

当我们了解了煤炭的形成过程和它经历的地质时期，就可以从中看到地球"沧海桑田"的变化，这些变化都是地壳运动带来的。

自地球诞生以来，地壳就在不停运动，既有水平运动，也有垂直运动。地壳运动造就了地表千变万化的地貌形态，主宰着海陆的变迁。含煤地层主要分布在由地壳运动改造而形成的盆地，这里以拥有中国最大煤田的鄂尔多斯盆地为例，来介绍构造盆地的形成演变。

💧 知识卡

地壳运动

地壳运动（crustal movement）是由于地球内部原因引起的组成地球物质的机械运动。地壳运动是由内应力引起地壳结构改变、地壳内部物质变位的构造运动，它可以引起岩石圈的演变，促使大陆、洋底的增生和消亡，并形成海沟和山脉，同时还导致地震、火山爆发等。

地壳运动控制着地球表面的海陆分布，影响各种地质作用的发生和发展，形成各种构造形态，改变岩层的原始状态，所以有人也把地壳运动称构造运动。

熔岩流入海洋

基拉韦厄火山活动

鄂尔多斯盆地是中国第二大沉积盆地。北至黄河大拐弯的伊盟隆起；南至渭北高原，即关中的北山，从黄龙山经铜川背斜、永寿梁、崔木梁、岭山（凤翔县北端）至宝鸡，地质上属祁吕贺山字型构造体系的前面弧；东至秦晋交界的黄河谷地，包括吕梁山以东；西包石嘴山—银川—固原大向斜，贺兰山—六盘山以东，属于祁吕贺山字形构造体的东侧盾地。盆地的煤炭、天然气、石油探明储量分别占全国近20%、13%和6%，具有国家级能源基地的区际优势，被誉为"中国能源金三角"。这里有着中国最大的煤田，也是世界特大型煤田之一；这里建设了中国最先进的煤矿，开采了全国一半以上的煤炭。它的发生发展历史，可以追溯到35亿年前的地质历史时期，它和地球上所有大陆一样，都经历了复杂的沧海桑田的发展历史。

◈ 知识卡

鄂尔多斯盆地

"鄂尔多斯"意为"宫殿部落群"和"水草肥美的地方"。鄂尔多斯盆地，历史上习惯称呼黄土高原、鄂尔多斯高原（这些高原名称是群山和盆地的统称），这里从绝对高度看是高原，而从四周高地看又是盆地。传说1905年前后，英国人到此地域勘探石油，最早进入伊克昭盟（今鄂尔多斯市），鄂尔多斯大草原就是最先踏入的立足地，在西方人眼里，亚洲人都是属于蒙古人种序列，就把该盆地称之为鄂尔多斯盆地。

中华民族的摇篮——黄河沿盆地周缘流过，盆地内部发育有十几条河流，多数集中在中南部，在东南角汇入黄河，属黄河中游水系；著名的无定河、延河、洛河、泾河、渭河流域都是中华民族的发源地之一。

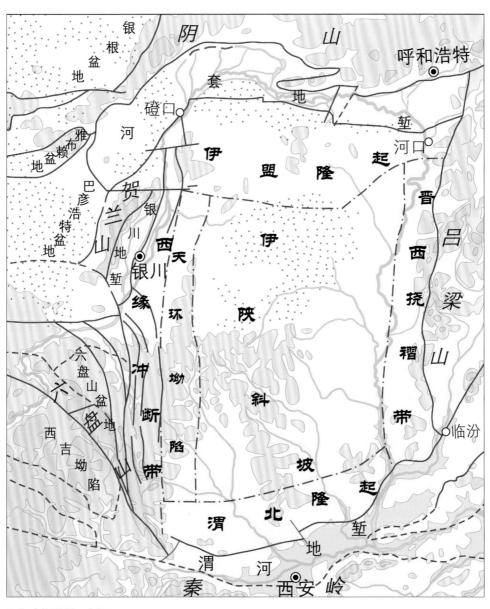

鄂尔多斯盆地区划图

在35亿年前的太古代，这一区域经过多次的火山—沉积作用、变质作用，终于使几个互不相连的初始陆核连成了华北地台基底的雏形。伴随着持续的岩浆活动，地壳增厚、固结、稳定。古生代（5.7亿～2.5亿年前），这一区域下降成为浅海并接受沉积。中生代（2.5亿～6500万年前）是鄂尔多斯盆地的鼎盛时期，海水已退出，演化为陆地上的盆地。以湖、河环境为主，植物繁茂，动物界生物种群多样，恐龙由繁盛到灭绝。其中石炭二叠纪、晚三叠纪、中侏罗世均形成了广阔的沉积盆地，气候温暖潮湿，植物生长茂盛，是适宜的成煤环境。煤炭就在这"地动天惊"的沧海桑田中孕育、成长，修炼成为太阳石。

知识卡

怎样知道地球的过去

那么发生在亿万年以前的事，我们是怎么知道的呢？是地球自己告诉我们的，地球的历史就记录在那些岩石之中。

在800多年前，中国南宋时期理学家朱熹在《朱子语类》中记载："尝见高山有螺蚌壳，或生石中，此石即旧日之土，螺蚌即水中之物。下者变而为高，柔者却变而为刚。此事思之至深，有可验者。"正如朱熹所说，许多岩石是泥沙在水下堆积形成的，它们被称为沉积岩，而岩石中的螺蚌壳，是地质学中所说的化石。

1669年，丹麦地质学家斯泰诺（N. Steno）总结出在这些岩层之间存在着如下的规律：岩层在形成后，如未受到强烈地壳运动的影响而颠倒原来位置的话，则应该是先沉积的在下面，后沉积的在上面，一层压一层，保持近于水平的状态，延展到远处才渐渐尖灭。这就叫地层层序律。它使我们能通过那些似乎是杂乱无章的岩层，认出地球史期的先后生成次序。

英国地质学家赫顿（J. Hutton）根据自己在野外考察的实际经验和前人的认识，把时空统一的地质思维，形象地表述为"在地球现在的构造中，可以看到旧世界的废墟"（《地球论》，1785）。他告诉人们，地球上过去的一切变化都是由现存作用的缓慢活动所形成的。后来，另一位英国地质学家赖尔（C. Lyell）用更丰富的事实论证和阐明将这一原理概括为"将今论古"，或称现实主义原理（Actualism）。有了地质学这个武器，记录在地球自己身上过去不为人知的历史，一点一点地被揭示出来了。

知识卡

同位素测年法

同位素测年法是利用放射性元素核衰变规律测定地质体年龄的方法。1896年，法国物理学家贝克勒尔（A. H. Becquerel）观察了含铀矿物（如沥青铀矿）能使封闭的照相底片感光，这是X射线产生的作用。随后证明了铀能自然衰变，它以粒子和电磁辐射的形式放出能量（即放射性）。后来放射性衰变成为地质学家确定地球及岩石形成时代的重要手段。

相关人物介绍

朱熹

朱熹（1130—1200年），字元晦（后改为仲晦），号晦庵，世称朱文公。南宋时期著名的理学家、思想家、哲学家、教育家、诗人，闽学派的代表人物，儒学集大成者，世尊称为朱子。

尼古拉斯·斯泰诺

尼古拉斯·斯泰诺（1638—1686年），丹麦地质学家。他于1669年首先提出传统地层学的普遍性原理，即在层状岩层的正常层序中，先形成的岩层位于下面，后形成的岩层位于上面。

詹姆斯·赫顿

詹姆斯·赫顿（1726—1797年）英国地质学家。他所倡导的"均变说"为地质科学奠定了一块基石。

查尔斯·赖尔

查尔斯·赖尔（1797—1875年），英国地质学家，律师，地质学鼻祖，地质学渐进论和"将今论古"的现实主义方法的奠基人，均变说的重要论述者。在地质学发展史上，曾做出过卓越的贡献。

亨利·贝克勒尔

亨利·贝克勒尔（1852—1908年），法国物理学家。因发现天然放射性现象，获得1903年诺贝尔物理学奖。

李四光

李四光（1889—1971年），湖北黄冈人，中国地质力学的创立者、现代地球科学和地质工作的主要领导人和奠基人之一，中华人民共和国成立后第一批杰出的科学家和为新中国发展作出卓越贡献的元勋。提出了中国东部第四纪冰川的存在，建立了新的边缘学科"地质力学"和"构造体系"概念，创建了地质力学学派；提出新华夏构造体系三个沉降带有广阔找油远景的认识，开创了活动构造研究与地应力观测相结合的预报地震途径。

第二章

太阳石的
能量密码

通过前面的介绍可知，煤炭是植物遗体经过一系列复杂变化转变而来的。它将生物质能为主的能量，经过漫长而复杂的过程储藏在自己的身体里面，转变为化石能源，为人类提供源源不断的能量。

那么，我们是如何知道怎么利用它的呢？这和科学家们对它的"家族成员及特征"的精细研究分不开的，接下来让我们带着问题"自然界中煤炭家族又有哪些成员和各自的特点？"，来一起揭秘。

太阳石的家族成员

煤的演变过程是一种复杂的物理化学过程，称为煤化作用，也就是煤的变质作用。按煤化程度的不同，煤的家族成员，从低到高依次为：褐煤、长焰煤、不粘煤、弱粘煤、气煤、肥煤、焦煤、瘦煤、贫煤、无烟煤。低变质烟煤包括长焰煤、不粘煤、弱粘煤；中变质烟煤包括气煤、肥煤、焦煤、瘦煤；高变质煤包括贫煤、无烟煤。

褐煤：煤化程度最低的煤。是一种棕黑色、无光泽的低级煤。含碳量60%～77%，密度是煤大家族里最低的。具有高水分，高挥发分，热值低的特性，俗称"柴炭"。容易点燃，但不耐烧。

褐煤可直接民用、工业及发电的燃料，也可用作气化、低温干馏等的原料。

🔥 知识卡

《煤》

朱自清

你在地下睡着，
好腌臜，黑暗！
看着的人
怎样地憎你，怕你！
他们说：
"谁也不要靠近他呵！……"
一会你在火园中跳舞起来，
黑裸裸的身体里，

一阵阵透出赤和热
啊！全是赤和热了，
美丽而光明！
他们忘记刚才的事，
都大张着笑口，
唱赞美你的歌；
又颠簸身子，
凑合你跳舞的节。

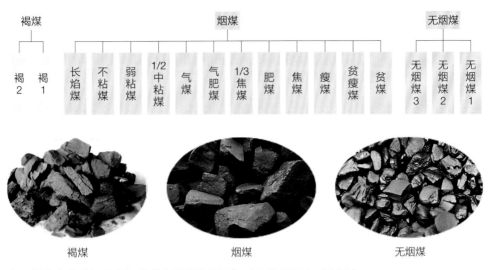

褐煤						烟煤								无烟煤		
褐煤2	褐煤1	长焰煤	不粘煤	弱粘煤	1/2中粘煤	气煤	气肥煤	1/3焦煤	肥煤	焦煤	瘦煤	贫瘦煤	贫煤	无烟煤3	无烟煤2	无烟煤1

褐煤　　　　　　　　　烟煤　　　　　　　　　无烟煤

中国煤的分类（据国家标准《中国煤炭分类》，GB/T 5751—2009）

知识卡

炼焦用煤

炼焦煤属于烟煤，炼焦煤作为生产原料，用来生产焦炭，进而用于钢铁行业的煤炭种类，还可用于动力燃料用的动力煤，化工行业原料用的无烟煤，钢铁行业高炉喷吹用的喷吹煤。中国炼焦煤资源相对稀缺，储量仅占全国煤炭总量的25.4%。中国炼焦煤产量主要集中在山西、河北、河南、安徽和山东等省。山西省作为中国的产煤大省，其炼焦煤的核定生产能力接近全国核定生产能力的三分之一，生产的煤种主要以焦煤为主，比例达到36.4%。

烟煤：煤化程度较大的煤，含碳量为75%～90%，挥发份10%～40%。热值27170～37200千焦/千克（6500～8900千卡/千克）。大多数具有黏结性，发热量较高，外观呈灰黑色至黑色，粉末从棕色到黑色。具明显的条带状构造。烟煤燃烧时火焰长而多烟，多数能结焦。

烟煤是自然界中分布最广和最多的煤种。中国的烟煤主要分布在北方各省（直辖市、自治区），其中华北区的烟煤储量占全国烟煤储量的60%以上。

无烟煤：是煤化程度最高的煤，固定碳含量可达80%以上，坚硬，有金属光泽。无烟煤发热量高，挥发分低，燃点高。可用于烧水泥、化工、做活性炭、高炉喷吹燃烧等。

无烟煤真的无烟吗?

无烟煤,俗称白煤或红煤。燃烧时火焰短而少烟,火焰呈青蓝色,不结焦,含碳量最多,发热量很高,可达25120~32650千焦/千克。中国无烟煤预测储量为4740亿吨,占全国煤炭总资源量的10%,年产2亿吨。其中宁夏汝箕沟的太西煤,灰分最小,只有5%~10%,含硫量只有0.1%~0.3%,而一般的无烟煤即使进行洗选也未必能达到这一指标。太西煤经过专门工艺加工后,可以

得到含灰量不足1%的超纯煤,用于特殊化工用途,这是其他无烟煤所无法做到的。太西煤被誉为宁夏的"黑宝",在国际上被称为"煤中之王",与著名的越南鸿基煤齐名,目前全世界只有中国宁夏和越南有储藏,全世界的煤炭化验室都要用到它。

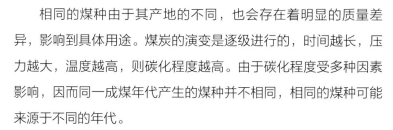

相同的煤种由于其产地的不同,也会存在着明显的质量差异,影响到具体用途。煤炭的演变是逐级进行的,时间越长,压力越大,温度越高,则碳化程度越高。由于碳化程度受多种因素影响,因而同一成煤年代产生的煤种并不相同,相同的煤种可能来源于不同的年代。

例如,中国侏罗纪煤普遍为低变质烟煤和气煤,而宁夏汝箕沟的侏罗纪煤由于受到火山余热的影响,加速了碳化进程,煤种为无烟煤。辽宁抚顺的长焰煤来自第三纪,阜新的长焰煤来自白垩纪,甘肃华亭的长焰煤来自侏罗纪。中国许多矿区所产的煤炭,虽然煤种属于炼焦煤,但由于含硫量或含灰量过高,即使进行洗选也无法达到炼焦的要求,只能作为动力煤使用。

兰花炭

兰花炭是山西晋城所产的一种无烟煤，素有"白煤""香煤"之称，因燃烧时焰色像兰花，故名兰花炭。兰花炭油光锃亮，较轻，没有沉重感，拿在手里轻轻摩挲也不会把手弄黑。兰花炭放进炉膛立刻就着，火力特猛，无烟，无异味。更奇的是，兰花炭燃烧后没有煤渣，全是白色的粉末，根本不用铁钎子捅，就全漏到炉坑里了。

历史上先人创造了"白煤炼铁法"，采用兰花炭代替焦炭直接用于冶铁，现如今兰花炭已成为理想的化工原料。晋城所产的无烟煤不但供应上海、江苏等全国半数以上的省、直辖市，而且远销日本、法国、比利时、荷兰等国，还曾被英国皇室选为壁炉专用煤。

太阳石的身体结构

外表"黑乎乎"的煤炭，究竟是由什么样的物质和元素组成的呢？我们如何获取这些信息的呢？其实，煤炭也是一种岩石，所以科学家们以岩石学的观点和方法来研究煤的物质成分、性质和工艺用途，一步步揭示它的"能量密码"。

煤炭是由有机组分和无机组分构成的混合物。有机组分主要是由碳、氢、氧、氮、硫等元素构成的复杂高分子有机化合物的混合物；无机组分主要包括黏土矿物、石英、方解石、石膏、黄铁矿等矿物质和水。

把煤作为有机岩石，以物理方法为主研究煤的物质成分、结构、性质、成因及合理利用的学科被称为煤岩学。20世纪初期广泛开展煤的显微镜下的观察、研究，使煤岩学逐渐发展形成一门独立的学科。正是由于引入了煤岩学研究方法，人们在显微镜下，看到了树皮、树叶表皮、孢子、木质部的结构，才找到了煤是由植物形成的证据。

煤的元素构成

碳、氢、氧、氮是煤炭有机质的主体，占95%以上，煤化程度越深，碳的含量越高，其余元素的含量越低。其中，碳和氢是煤炭燃烧过程中产生热量的元素。煤中尚有硫、磷、氯、砷、氟等有害元素，它们的危害主要表现在煤炭应用过程中产生有害的物质，对人体造成损害，对环境造成污染，或是降低产品质量。

此外，煤中常见的伴生元素有铀、锗、镓、钒、钍、铼、钛、铍、锶、锂等，石煤中有时还富集着镍、钼等元素。这些元素的含量有时可达工业品位，可综合利用，是十分重要的资源。

肉眼可见的不同煤岩

煤的颜色一般呈褐色—黑色，随煤化程度的提高而逐渐加深。

煤的表色和粉色

人们肉眼能够观察到的煤炭成分特征，也存在变化。1919年，由英国煤岩学家斯托普丝（M. Stops）在条带状烟煤中首次将它划分为镜煤、亮煤、暗煤、丝炭，并称它们为煤岩成分。其中，镜煤和丝炭是简单的煤岩成分，暗煤和亮煤是复杂的煤岩成分。各种宏观煤岩类型的分层，在煤层中往往是多次交替出现。

显微镜下煤炭组分

为了更加深入地了解煤炭的物质组成，科学家们进一步应用光学仪器对煤的显微组分进行观察和测定。在显微镜下科学家看到了煤炭的显微组分主要可分为三大类：镜质组、稳定组（壳质组）和惰质组。

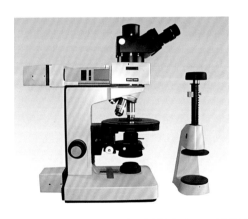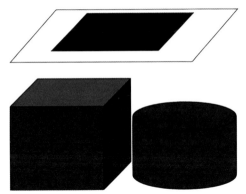

显微光度计及煤反光片、粉煤光片和透射薄片

镜质组是由含木质素、纤维素的植物组织的残余物，如树皮、树干、树根等，该组分在透射光（低变质阶段）下呈橙红—红—棕红色，反光下为灰白—灰色，没有突起。

壳质组是由富类脂质植物遗体的残余物，如树脂蜡、花粉、角质和藻类体，在中低变质煤中，透光下一般呈黄色，也有的呈橙黄色和橙色。普通反射光下为深灰色，油浸反射光下为灰黑色，中等突起，也有的不具突起（如树脂体）。壳质组轮廓清楚，外形特殊，易于辨认。

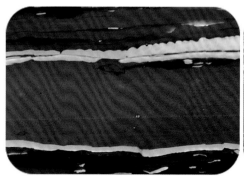 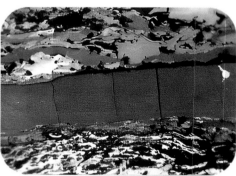

均质镜质体（透射光）和均质镜质体（反射光）

孢子体（透射光）

角质体（透射光）

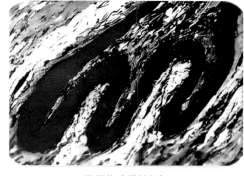 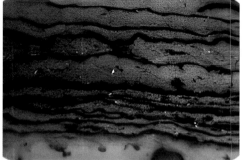

孢子体（反射光）

角质体（反射光）

常见壳质组透射光和反射光下特征

惰性组是植物的木质纤维素，在积水较少、湿度不足的环境下受脱水作用和缓慢的氧化作用而形成的，该组分在透射光下都是黑色不透明的，普通反射光下呈白色，高突起。

惰性组（透射光）和丝质体（反射光）

煤中的
其他矿物质

煤中矿物质是指混杂在煤中的无机矿物质，成分复杂，通常多为黏土、硫化物、碳酸盐、氧化硅、硫酸盐等类矿物，含量变化也较大。所含元素可达数十种，主要有硅、铝、铁、钙、镁、钠、钾、硫、磷等。

煤中矿物质按来源可分为内在矿物质和外来矿物质。内在矿物质是在成煤过程中形成的矿物质，主要有黄铁矿、黏土和菱铁矿，这类矿物分布广、影响大。外来矿物：由于地下水的淋滤作用及物理化学条件变化而沉淀充填于孔隙、裂隙、层面及胞腔中，主要有方解石、黄铁矿以及高岭石等。此类矿物在构造活动厉害的矿区较为常见。

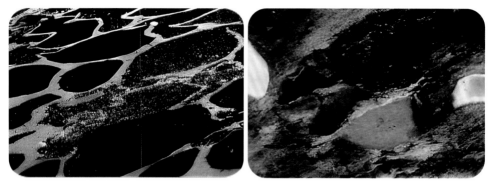

黏土充填胞腔（反射光）　　　　　　　　　煤中石英颗粒（透射光）

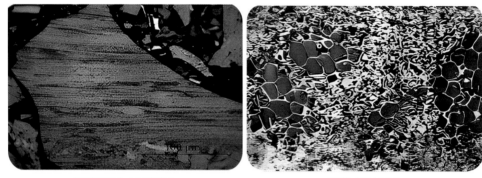

呈层状黏土（反射光）　　　　　　　　　石英（反射光）

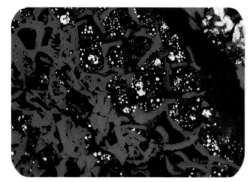

充填在丝质体胞腔的黄铁矿（反射光）　　　　　放射状黄铁矿（扫描电子显微镜）

煤中常见矿物特征

太阳石的性格特征

　　煤的性格特征是由形成煤的原始物质及其聚积条件、转化过程、煤化程度和风、氧化程度等因素所决定。包括煤的颜色、光泽、脆度、断口及导电性等。煤的性格特点是初步评价煤质的依据，是煤炭开采、破碎、分选、型煤制造、热加工等工艺十分重要的评价指标。

煤炭的光泽

　　煤炭的光泽是指煤新鲜断面的反光能力。随煤化程度增加，光泽由无光泽—土状—蜡状—弱沥青—强沥青—弱玻璃—强玻璃—金刚—金属光泽变化。

蜡状光泽	沥青光泽	油脂光泽
玻璃光泽	金刚光泽	半金属光泽

煤的主要光泽类型

煤的导电性

煤的导电性是指煤传导电流的能力。煤的导电性属于半导体或导体的范围，随煤化程度的增加而增加，在无烟煤阶段提高更快。利用煤的导电性，可以合成煤的有机复合导电材料。莫斯科近郊的褐煤在室温下的电阻率为4×10^4欧姆·厘米，美国某煤田的黏结性烟煤的电阻率为$15 \times 10^4 \sim 6 \times 10^7$欧姆·厘米；中国某煤田的无烟煤的电阻率为$70 \sim 200$欧姆·厘米；石墨的电阻率为0.42欧姆·厘米，高煤化程度的无烟煤可作为生产碳素材料、石墨电极和人造石墨的重要原料。

在煤炭地质勘查过程中，地质人员可以通过不同的岩石或地层具有不同的导电性这一特征，利用测井仪器，判断地下煤层的具体位置。比如，在同一含煤地层段，煤层视电阻率明显较高，顶板、底板和夹矸的视电阻率相对较低，这样就可以判断某一岩性层的厚度和埋深。

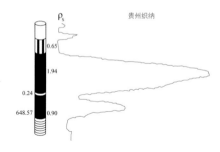

煤层及其顶底板岩层视电阻率曲线

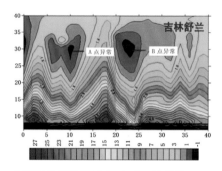

煤层顶板岩层视电阻率平面等值线

煤炭
也会发火

煤炭发火是指煤炭会在不经外源性的点燃而自行着火的现象，也称为煤的自燃。煤的自燃，一般要经过三个时期：准备时期，又称潜伏期；自热期；最后进入燃烧期。不同种类的煤炭，其燃点也不同。

中国贺兰山的煤炭资源非常丰富。贺兰山的"地下火"从清代开始，到目前为止已经燃烧300多年了，仍没有被扑灭。这里的自燃并非大家想象中的"野火烧山"，一般很难见到明火，主要是在地下燃烧，这种火又被称为阴燃，它的特点是燃烧速度非常缓慢，同时区域范围比较大，人们很难通过常规的办法彻底阻断地下煤层的燃烧。煤的自燃造成了大量煤炭资源的破坏，并造成环境污染。

中国贺兰山的煤自燃300多年

燃烧时间最长的煤层

在澳大利亚南威尔士有一座"火焰山"——温根山,据科学家的研究计算,这座山已经燃烧了6000余年。远远望去这座山没有什么特殊的地方,但是走近一看却四处冒烟。最开始大家都认为温根山之下是爆发中的火山。1929年,才由地质学家确认,这座冒烟6000多年之久的山,是因为地下煤层在燃烧。

第三章

地球上
哪里有煤

　　煤炭是地球上蕴藏最丰富、分布最广泛的化石能源，总体而言，全球煤炭资源分布较为集中，具有不平衡性，主要分布在美国、俄罗斯、澳大利亚、中国、印度、德国、印度尼西亚、乌克兰、波兰、哈萨克斯坦等国，现在让我们一起环游世界，了解一下世界煤炭资源的分布吧。

世界煤炭资源分布

世界煤炭储量十分丰富，居各种能源之首，拥有煤炭资源的国家约有80个，2020年全球煤炭探明储量达10741亿吨，排名前10的国家煤炭储量占全球总储量的90.7%。

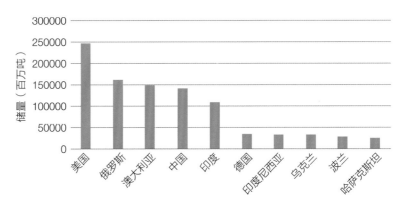

煤炭储量排名前10的国家（资料来源：BP）

就资源分布区域而言，主要分布在北半球，全球共有两大煤炭分布带条横贯亚欧大陆，从西欧经北亚，一直延伸到中国华北地区；另一条呈东西向贯穿于北美洲中部，包括了美国和加拿大的大多数煤田，南半球的煤炭资源多分布在澳大利亚、博茨瓦纳和南非等国。

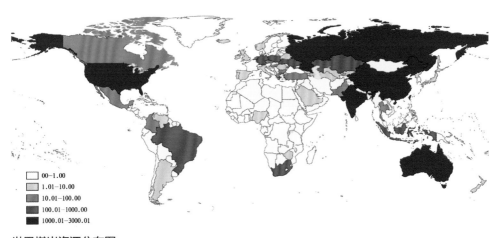

世界煤炭资源分布图

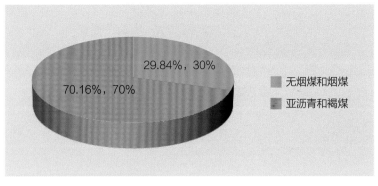

2020年全球煤炭探明储量结构

按储量结构，烟煤和无烟煤占总储量的70.16%，按照地区划分，亚太地区储量占比42.8%，北美地区占比23.9%，独联体国家占比17.8%，欧盟地区占比7.3%，以上4个地区储量合计占比超过90%。

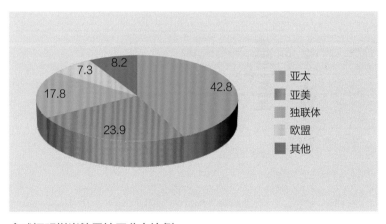

全球探明煤炭储量地区分布比例

从国家分布来看，美国是全球煤炭储量最丰富的国家，占全球资源的23.2%，俄罗斯占比15.1%，澳大利亚占比14%，中国占比13.3%，印度占比10.3%，以上5个国家储量之和占全球总储量的75.9%；而印度尼西亚和蒙古国煤炭的探明储量占比仅为3.2%和0.2%。

从产量来看，2020年年底全球煤炭产量77.42亿吨，其中中国产量占51%、印度占7.3%、印度尼西亚占7.3%、美国占6.3%、澳大利亚占6.2%、俄罗斯占5.2%。

从供需角度来看，中国、日本、印度和韩国是煤炭主要进口国家，而印度尼西亚、澳大利亚、蒙古国、俄罗斯是主要的煤炭出口国。

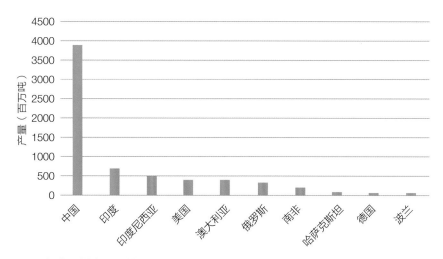

2020年全球煤炭产量排名前十的国家统计

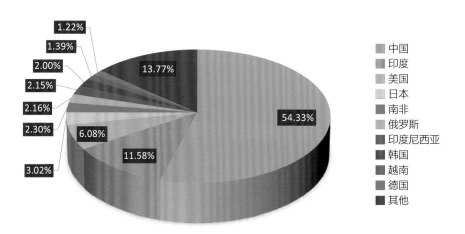

2020年全球煤炭消费量排名前十的国家煤炭消费占比

资源的未来

人类是依赖自然资源而生存的，随着人口的不断增长，多种资源日见匮乏，长此下去，会不会坐吃山空？人类社会经济的发展是不是正在走向终结？这已成为人们普遍关注的问题。为寻求答案，学者们进行了热烈的探讨，出现了两种相反相成的观点。

持悲观论点的是1968年成立的学术团体"罗马俱乐部"。它在1972年发表的第一个研究报告《增长的极限》中列举了人口、工业化的资金、粮食、不可再生资源和环境污染等五方面的问题，认为在一定的技术经济和自然条件下，社会经济的发展和资源的开发都是有极限的。这个报告引起了强烈的反响，被学术界权威人士评价为"一个里程碑"，"世界已经注意到，并在认真考虑这个报告的基本观点"。

然而，随后出现的以美国学者西蒙（J. L. Simon）为代表的乐观论者，根据他们搜集到的资料并经过分析，得出的结论是：可供人类利用的资源是没有穷尽的，资源的相对劳动成本及价格均在不断降低，人类的生态环境必将好转，恶化只是工业化过程中的暂时现象，粮食在未来将不成问题，人口在未来将自然地达到平衡。这些观点集中表现在他们于1980年发表的《最后的资源》一书中，也得到许多人的赞同。

两种观点，见仁见智，各有千秋。从人类长远发展的角度来看，随着技术、经济条件的改善，自然资源的范围在扩大，新的自然资源将不断被我们认识和开发利用。19世纪早期，拿破仑三世有一顶铝制的帽子就足以傲视欧洲王公贵族；20世纪30年代北京大学图书馆用铝做了两扇大门，轰动一时；而如今铝已是很平常的金属。1995年时世界金属铝的产量达到2725万吨，市场价格时有下落，1998年时便较1997年平均下跌18%。我们还看到传统的能源、矿产资源，并未因大量开发而枯竭，新的发现还在使保有储量不断扩大，新能源、新的非传统矿产资源的开发更给我们带来了广阔的前景。科技是第一生产力的论点，已经得到证实。

美国煤炭资源分布

美国号称"煤炭沙特阿拉伯",即世界煤炭资源最丰富的国家。2020年美国煤炭探明储量达2489亿吨,世界排名第一,可以满足美国257年的供应要求。

美国煤炭主要分布在六个区域,分别是阿巴拉契亚含煤地区(东部地区)、海湾沿岸含煤地区、内陆含煤地区、北部平原含煤地区、太平洋沿岸含煤地区、落基山脉含煤地区。成煤时期有石炭纪、二叠纪、三叠纪、侏罗纪、白垩纪、古近纪等,以东部石炭—二叠纪煤田、西部白垩—古近纪煤田占主要地位。

阿巴拉契亚含煤地区也被称为美国东部含煤地区,分布在美国东部的9个州:西弗吉尼亚、宾夕法尼亚、肯塔基、俄亥俄、亚拉巴马、弗吉尼亚、田纳西、马里兰、佐治亚。东部含煤区主要含煤地层为石炭系,变质程度西低东高,由西部的高挥发分烟煤变为东部的低挥发烟煤和无烟煤。阿巴拉契亚含煤地区无烟煤大约占60%,其余大部分为烟煤,该地区是美国煤炭资源开发最早的地区,煤炭产量占全美产量的40%。

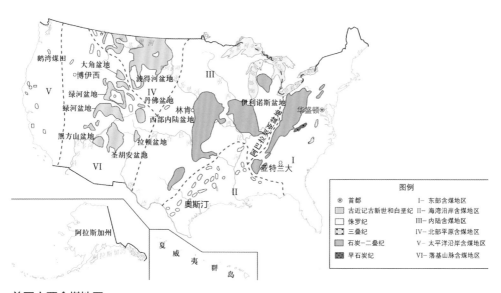

美国主要含煤地区

美国煤矿峡谷的砂岩峰林

内陆含煤地区包括北部、东部、西部和西南部四个区，东部与西部两个含煤区面积大，储量丰富。内陆含煤地区主要为石炭纪烟煤，变质程度由北部地区高挥发分烟煤变为西部低挥发性烟煤。

北部平原含煤地区包括联合堡、波德河、黑山和北部中心区四个区。含煤地层主要为白垩系到古近系。联合堡含煤区面积最大，煤种为褐煤；波德河含煤区古近系可采煤层多、分布广、厚度大且稳定，煤种为次烟煤；北部中心区以次烟煤为主，有少量烟煤。黑山含煤区面积较小，储量小，多已经开采完。

落基山脉地区煤炭资源主要分布于山间盆地，包括大角盆地、风河、汉姆斯岔、犹因他、西南犹他、亨利盆地、圣胡安盆地、拉顿方山、丹佛、绿河、黑方山11个含煤区，含煤地层一般为白垩系、古近系，含煤地层多，煤层厚度大，分布广而稳定。白垩纪煤主要是烟煤和亚烟煤，古近纪煤是亚烟煤和褐煤。在汉姆斯岔、犹因他、西南犹他、亨利盆地、圣胡安河北部与拉顿方山等地为中/高挥发分烟煤，在大角盆地、风河、绿河、黑方山、圣胡安盆地等处为次烟煤；在盔甲孤山煤炭为无烟煤。在绿河盆

美国埃克利矿工村的一台旧无烟煤破碎机

地，含煤地层从下白垩统到古新统，厚度超过900米，有多个可采煤层。皮申斯盆地沉积物超过3000米，也发现晚白垩世到古新世的煤。圣胡安盆地为晚白垩世煤。

在太平洋沿岸地区，煤主要分布在从加利福尼亚州到华盛顿州分散的小盆地中，分布零散、孤立、埋藏量不大，属古近纪煤，受构造运动影响已经发生变质作用。有水河煤田、罗斯林·克莱罗门煤田、顶峰沟煤田、切哈里斯中心区煤田、鸽鸣湾煤田、伊甸岭煤田、小淘气沟煤田、煤谷煤田、爱奥尼煤田、石峡煤田，其中水河煤田等四个煤田储量较多，采量较大。

阿拉斯加地区煤炭资源尚未完全开发，但已经勘探存在大量的高挥发分烟煤和亚烟煤。

海湾沿岸平原地区主要为古近纪褐煤，煤层厚度1～7.5米，煤炭主要用于发电。该区包括密西西比—亚拉巴马与得克萨斯—路易斯安那两个含煤区。

俄罗斯煤炭资源分布

俄罗斯煤炭探明储量达1621亿吨，占世界探明煤炭总储量的18.2%，全球排名第二，其中动力煤约占全国探明煤炭储量的80%。俄罗斯煤炭产量继中国、印度、印度尼西亚、美国和澳大利亚之后，位居世界第六位。

俄罗斯煤炭资源虽然比较多，但分布很不均衡，70%以上的煤炭分布在俄罗斯的亚洲部分，集中在北纬60°以北的亚洲地区，但该地区煤炭开采条件还不成熟。目前俄罗斯煤炭开采主要分布在北纬60°以南地区，有20多个煤产区，其中最为重要的有新库兹涅茨克、坎斯克—阿钦斯克、伯朝拉、顿巴斯东部、南雅库特和莫斯科郊区等煤田。

新库兹涅茨克煤田又称库兹巴斯煤田，是俄罗斯目前最大的煤田，位于西西伯利亚的东南部，主要分布在克麦罗沃州西部，小部分延伸到诺沃西比尔斯克州。该煤田发现于17世纪20年代，到了19世纪40年代才开始开发，这片主要用于俄罗斯炼焦煤基地的煤田也一度成为俄罗斯煤产量达40%以上的产煤大区。该煤田

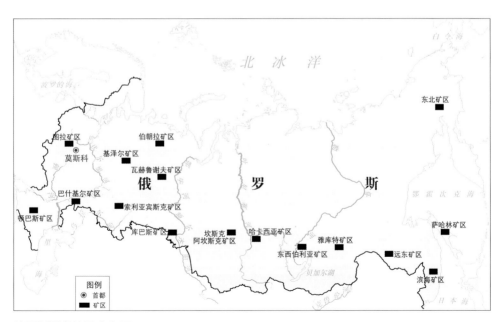

俄罗斯煤炭储量分布图

拥有大量高质量硬煤储量，其中炼焦煤占俄罗斯工业储量的一半以上。煤层多、埋藏浅、煤层较厚，煤质优良，适于大规模露天开采，生产成本低。

伯朝拉煤田位于俄罗斯欧洲部分的北部，煤田主体沿伯朝拉河的支流乌萨河分布，该煤田有两个矿区正在开采，分别是沃尔库塔（炼焦煤）和英塔（动力煤）。沃尔库塔多数为井工开采，采深达900米，多数矿为高瓦斯矿，有煤与瓦斯突出危险。该煤田基本上都是大型矿井，其中沃尔加绍尔斯卡娅矿是俄罗斯第二大矿。

顿涅茨克煤田又称顿巴斯煤田，分为六大采区，但有5个分布在乌克兰境内，1个在俄罗斯罗斯托夫州境内。目前，俄罗斯境内有42个矿井，主要开采无烟煤，炼焦煤不超过10%。

坎斯克—阿钦斯克煤田位于克拉斯诺亚尔斯克边区南部，沿西伯利亚大铁路延展，西部深入西西伯利亚的克麦罗沃州，东

俄罗斯北极城市巴伦支-斯匹次卑尔根

俄罗斯克麦罗沃地区煤炭

部延伸至伊尔库茨克州。该煤田煤炭几乎全为褐煤，煤层厚，埋藏浅，适于露天开采。但因褐煤质地松散易风化和自燃，不便于长期储存和远途运输，主要用于就近发电，加工成液体燃料或精制固体燃料。

澳大利亚煤炭资源分布

澳大利亚煤炭探明储量达1502亿吨，全球排名第三。澳大利亚主要煤田包括鲍恩煤田、悉尼煤田和拉特罗布古煤田，煤质优良，发热量高，硫分、灰分较低，埋藏条件也良好，开采难度相对较小。

澳大利亚煤田主要分布在东部太平洋沿岸的一系列盆地中，95%以上的炼焦煤资源都集中在新南威尔士州的悉尼煤田、昆士兰州的鲍恩煤田、克拉伦斯—莫尔顿煤田。次烟煤主要分布在南澳大利亚、西澳大利亚，褐煤主要分布在维多利亚。

澳大利亚塔斯马尼亚州里士满桥

斯克拉克利堡与进入纽卡斯尔港的煤船

印度煤炭资源分布

印度煤炭资源探明储量1110亿吨，世界排名第五，印度99%煤炭资源成煤年代在二叠纪，大部分煤是烟煤，煤质为高灰、低硫、低磷。二叠纪煤田主要分布于西孟加拉邦、比哈尔邦、安得拉邦、奥里萨邦、马哈拉施特拉邦和北方邦等地。还有一些次要煤田分布于阿萨姆邦和查谟，其成煤年代属于古近纪。

贾里亚煤产地：印度最大的煤炭生产基地，煤炭产量占全国的40%，有可采煤层10层，其中4层厚度为8.4～15米，灰分15%～26%，发热量26800～33000千焦/千克，低硫、低磷。

拉尼甘杰煤产地：煤产量全国第二，有17层煤，厚度1.2～12米，灰分10%～15%，发热量26000～31500千焦/千克。

南阿尔科塔煤产地：位于印度南部马德拉斯附近，是南亚最大的褐煤产地，煤层厚度4～27米。

印度大吉岭贡马（Ghoom）火车站著名的大吉岭玩具火车

印度赖丘尔市郊区的煤电厂

德国煤炭资源分布

德国煤炭资源探明储量359亿吨，占世界煤炭探明储量的4.7%，居世界第六位。德国煤炭分类很简单，只分硬煤和褐煤两大类。硬煤主要是烟煤，极少量无烟煤，埋藏深，采用井工开采；褐煤埋藏浅，多采用露天开采。德国煤炭资源形成于古生代、中生代和新生代。古生代煤层主要为烟煤，也有部分无烟煤，分布在西部北威州的广大地区。中生代煤层从次烟煤到无烟煤，但储量很少。新生代次烟煤和褐煤在西部的莱茵河地区和东部地区分布很广。德国主要煤田分布在西部，有鲁尔煤田、萨尔煤田、亚琛煤田和伊本比伦煤田。褐煤主要分布在西部的莱茵煤田和东部的劳齐茨煤田、中部煤田。

德国煤炭分布图

鲁尔煤田位于德国西部的北莱茵—威斯特法伦州鲁尔河以北的广大地区，邻近荷兰，因莱茵河支流鲁尔河流经而得名。鲁尔煤田为石炭纪煤田，是德国最大煤田。鲁尔煤田煤类从长焰煤到无烟煤齐全，煤变质程度随埋深而增加，在垂直和水平方向均呈带状分布。鲁尔围绕煤炭工业发展了冶金、电力、化工、机械、建材、医药等产业，使鲁尔有德国工业心脏之誉。

萨尔煤田位于德国南部萨尔州，与法国洛林煤田相连，为石炭纪煤田。萨尔煤田是当地一个重要煤田，有多层可采煤层，单层厚0.6～2.5米。煤系地层大部分为缓倾斜地层，未受到大的

德国鲁尔区的工业遗产——联合煤矿（Zeche Consolidation）

德国露天煤矿夜景

德国加茨韦勒（Garzweiler）的大型褐煤露天矿

地质破坏。该煤田煤类主要为弱结焦性烟煤，低灰、低硫、低水分。

亚琛煤田位于德国北莱茵-威斯特法伦州西部，与比利时、荷兰交界。亚琛煤田是德国的重要煤田，已经进入衰老期，亚琛煤田煤层薄，倾角大，瓦斯大，开采难度大。

伊本比伦煤田位于德国北莱茵-威斯特法伦州北部，与荷兰毗邻，属晚石炭世煤田。伊本比伦煤田受地质作用破坏严重，上部煤系地层含水量大。目前，该矿区已经进入衰老期。

莱茵煤田分布在德国西北部北莱茵-威斯特法伦州莱茵河一带，为古近—新近纪煤田，煤系地层上覆岩层主要是软砂岩，煤层赋存浅，绝大部分近水平，基本未受到地质作用破坏，全部适于露天开采。

劳齐茨煤田位于德国东部，靠近波兰，为古近—新近纪煤

德国埃森煤矿

田，该煤田大部分地区未受到地质作用破坏，只有局部地段发育褶皱构造，煤层埋藏浅，绝大部分近水平，80%地区适合露天开采，劳齐茨煤田煤种为褐煤。

中部煤田位于以莱比锡为中心的广大地区，为古近纪和新近纪煤田，该煤田煤层埋藏浅，近水平，大部分地区没有受到地质作用破坏。

乌克兰煤炭资源分布

乌克兰探明煤炭储量343亿吨，世界排名第八位。乌克兰煤炭储量主要集中在三个煤炭基地，即东部的顿涅茨克煤田、西部的里沃夫—沃伦煤田及中部的第聂伯煤田。

顿巴斯是顿涅茨克煤田的简称，位于乌克兰东部，东西长650千米，南北宽70~170千米，面积约6万平方千米，是乌克兰最大、采煤历史最悠久的煤田。由于该煤田原来地处苏联西部工

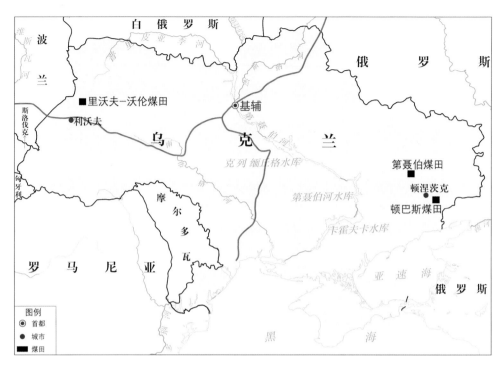

乌克兰煤田分布图

业中心，炼焦煤储量又较丰富，因而开发程度很高，煤炭总产量和无烟煤及炼焦煤产量一直居苏联首位。该煤田为石炭纪煤系，煤种很全，以肥煤和无烟煤为主，其次是气肥煤、肥煤、焦煤、瘦煤。在地层剖面中，由上部煤层到下部煤层，煤的变质程度增高符合希尔特规律，决定煤质变化的主要变质作用类型是深成变质作用。顿涅茨煤田早在1722年即开始采煤，1769年起进行工业性开发，开采地质条件复杂。老采区上部水平的煤储量大部分已采完，深部煤层地压大，瓦斯含量高。

里沃夫—沃伦煤田位于乌克兰西部的里沃夫州和沃伦州，面积1000平方千米，为石炭纪煤田，拥有丰富的炼焦煤。

第聂伯煤田沿第聂伯河右岸分布，探明储量为20亿吨，全部为褐煤。50%的储量分布在基洛夫格勒州，40%的储量分布在第聂伯罗彼得罗夫斯克州，少量分布在切尔卡斯克、文尼察和日托米尔州。

顿涅茨克地区煤矿的夜景

第聂伯河的日出

波兰煤炭资源分布

波兰煤炭探明储量283亿吨，居世界第九位。波兰境内发现大小煤田40个。主要煤田集中在南部与捷克、斯洛伐克接壤地带（卡托维兹省、克拉科夫省和弗洛茨瓦夫省），其次是中南部的波兹南和罗兹等省，以及西部的热洛纳—古腊省，波兰北部（北纬52°线以北）煤田很少。波兰具有重要工业意义的是石炭纪硬煤（占85.7%）产地和新近纪松散褐煤产地。硬煤资源集中分布在上西里西亚煤田、下西里西亚煤田及卢布林煤田。

上西里西亚煤田位于波兰南部的卡托维兹省和克拉科夫省的西部，南邻捷克和斯洛伐克，是波兰最大的煤田。煤种从长焰煤到无烟煤均有，以烟煤为主，占地质储量的75%以上，适于炼

波兰煤炭资源分布图

焦。成煤地质时代为石炭纪，目前波兰97%以上的硬煤产自该煤田。

下西里西亚煤田位于波兰西南部的弗罗茨瓦夫省南部，邻近捷克、斯洛伐克边境，煤种从贫煤到无烟煤均有，且2/3左右为优质烟煤。该煤田经过200多年的开采，上部易采煤层基本采完，剩余可采储量有限，且由于开采难度大，产量很小。

卢布林煤田位于波兰东部，煤田北部主要为动力煤，南部主要为炼焦煤，煤田地质条件虽较简单，但仅有一层煤厚度超过3米，其余煤层厚度均在1米左右。

波兰博加蒂尼亚（Bogatynia）的图卢夫（Turów）煤矿

波兰贝沙托夫（Belchatow）露天煤矿

波兰鲁达斯拉斯卡市哈伦巴区的煤矿

波兰西里西亚格利维采的煤矿

哈萨克斯坦煤炭资源分布

哈萨克斯坦煤炭探明储量约为256亿吨，排名世界十位。哈萨克斯坦煤炭资源赋存条件好，2/3的煤炭资源埋藏深度在600米以内，可露天开采，煤炭资源遍布全国26个省份400多个煤田。哈萨克斯坦烟煤主要产区有四大煤田：卡拉干达煤田、埃基巴斯图兹煤田、图尔盖煤田和迈库边煤田；褐煤的主要产区是图尔盖煤田和迈库边煤田。

卡拉干达煤田是古生代、中生代煤田，位于哈萨克斯坦卡拉干达市附近，是重要的炼焦煤出口基地。

埃基巴斯图兹煤田位于哈萨克斯坦东北部的巴甫洛达尔州，由于煤层厚，埋藏浅，适于露天开采。该煤田煤质较差，主要用于发电。

图尔盖煤田位于哈萨克斯坦西北的图尔盖州和库什坦奈州，包括库什木龙、埃金萨利和普里泽尔等矿，主要煤系为侏罗系，煤种为褐煤，煤层埋藏浅，适于露天开采。

迈库边煤田位于埃基巴斯图兹煤田以南40千米，煤炭以褐煤为主，开采量不是很大，供当地发电和民用。

能源和电力标志

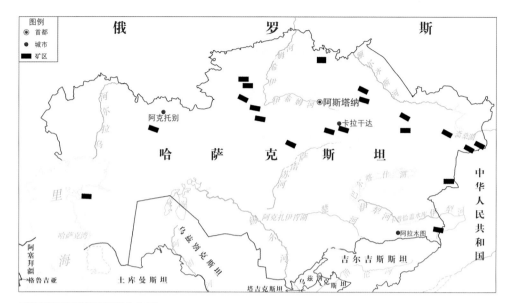

哈萨克斯坦煤炭矿区分布图

哈萨克斯坦的原野

中华家的煤

大家都知道，中国能源禀赋的基本特点是富煤、贫油、少气，这就决定了煤炭在一次能源的重要地位。与石油和天然气比较而言，中国煤炭的储量比较丰富，2020年中国公布的探明储量为1488亿吨，继美国、俄罗斯、澳大利亚，居世界第四位，但大家可能没想到，如果以人均占有量来计算，中国人均煤炭储量还达不到世界平均水平。因此，中国虽然物博，只是在总量意义上的物博，人均占有有效资源相当紧缺。

中国煤炭资源地理分布极不平衡，总格局是西多东少、北富南贫，主要集中分布在新疆、内蒙古、山西、陕西、贵州、宁夏六省区。同时煤炭资源的赋存区与消费区分布极不协调，煤炭消费量大的地方，资源赋存状况差，资源赋存丰富的地方消费能力不足，由此形成了西煤东运、北煤南调的格局，长距离煤炭运输加剧中国交通运力、污染物控制等方面的压力。据统计，自改革开放以来，东部地区的煤炭产量占比已由42.3%下降到2019年的7.6%，相比而言西部地区煤炭产量占比增长显著，由1978年的21.2%增加到2019年的53.8%。

知识卡

中国是世界上最大的煤炭生产国、消费国和进口国

全球煤炭产量最高的国家为中国，2020年煤炭产量达到384374.1万吨；其次为印度，2020年煤炭产量为74116.6万吨；第三为印度尼西亚，2020年煤炭产量为56300万吨。自2003年开始，中国的煤炭出口量就开始大幅减少，进口量则开始逐年增加。到了2009年，中国正式成为煤炭进口国。2020年中国煤炭进口量为30399.1万吨，位居全球第一。其次为印度，进口量为21838.2万吨。第三为日本，煤炭进口量为17427.7万吨；第四为韩国，煤炭进口量为12349.1万吨。

中国煤炭资源总体埋藏较深，适于露天开采的储量少，仅占总储量的7%左右，其中70%是褐煤，主要分布在内蒙古、新疆和云南。

各地区煤炭品种和质量变化较大，分布也不理想。中国炼焦煤在地区上分布不平衡，四种主要炼焦煤种中，瘦煤、焦煤、肥煤有一半左右集中在山西，而拥有大型钢铁企业的华东、中南、东北地区，炼焦煤很少。在东北地区，钢铁工业在辽宁，炼焦煤大多在黑龙江。西南地区，钢铁工业在四川，而炼焦煤主要集中在贵州。

中华家的煤在哪里

总的来说，中国赋煤区分布呈井字形构造格局，蒙东分区的西部地区、黄淮海分区、晋陕蒙宁分区、云贵川渝分区、北疆地区、甘青分区的南疆地区煤炭资源分布较为集中，其他地区煤炭资源分布相对分散。

东北地区：除沈阳南部部分地区零星分布晚石炭—早二叠和早中侏罗世含煤层系外，全区几乎全部以晚侏罗—早白垩含煤层系为主，且煤炭资源表现出沿造山带呈带状或沿盆地边缘略呈环状的分布特征。该区主要煤炭资源集中于西部带海拉尔—二连盆地群以及中带的松辽盆地群，其中海拉尔盆地和二连盆地西部边缘的含煤层系平面连续性较好，松辽盆地群的煤系平面连续性较差。

华北地区：以晚石炭—早二叠世和侏罗纪含煤层系为主，其中晚石炭—早二叠世含煤层系全区分布广泛，平面连续性较好。晚石炭—早二叠世含煤层系在西带主要分布于鄂尔多斯盆地东部地区，中带几乎全区分布，但以沁水盆地区最为集中，东带在渤海湾盆地区主要分布于鲁西、鲁南、冀中南地区，在南华北盆地主要分布于安徽省两淮地区以及河南省周口—平顶山地区。侏罗纪含煤层系主要集中于鄂尔多斯盆地神木—榆林—吴堡—庆阳一线的西部地区。

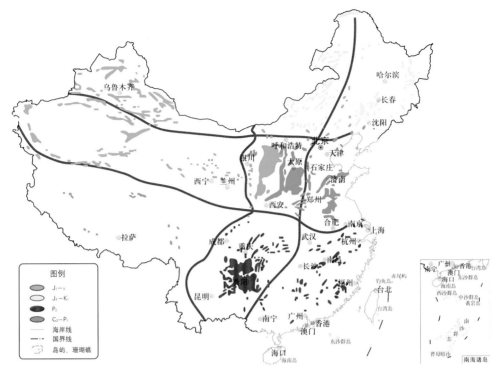

中国煤炭资源分布

🔥 **知识卡**

中国"井"字形构造格局

　　中国煤田地质基本特征明显受控于由天山—阴山—燕山、昆仑—秦岭—大别山两条纬向造山带和兴蒙—太行—雪峰山、贺兰—六盘—龙门山两条经向造山带组成的井字形构造格局，而煤炭资源明显赋存于井形构架内，在"井"字形构造格局下，中国煤炭资源不同区域的资源特征、环境状况、社会经济发展等皆有明显不同，与全国行政区划也基本相符，呈现出典型的"九宫"棋盘格局分布。

西北地区：除祁连山北部祁北坳陷东段零星分布部分晚石炭—早二叠世含煤层系以外，全区均以早中侏罗世含煤层系为主，并以准噶尔盆地和塔里木盆地最为集中，在南北天山山间地区也较为发育。

华南地区：除四川盆地和楚雄盆地沉积晚三叠世含煤岩系，华南区主要为晚二叠世含煤层系，并以扬子地台西部的四川盆地以及川南黔北地区最为集中。雪峰山以东地区煤炭资源比较分散，主要分布于湘南—粤北、赣中、赣东—闽北、闽西、浙南以及两广南部近海地区。此外，四川盆地煤系主要集中于盆地的北部边缘以及中南部地区，呈明显环带状展布。

滇藏地区：从古生代至新生代均有聚煤作用发生，但主要分布于晚石炭—早二叠含煤层系。该区煤炭资源数量匮乏、零星分布。

煤炭运输

俯瞰黄土高原

　　中国九大分区资源储量所占比例分别为：辽吉黑分区2%、黄淮海分区11.7%、华南贫煤分区1.8%、蒙东分区7.8%、晋陕蒙宁分区55.8%、云贵川分区14.7%、北疆分区2.7%、甘青分区3%、滇藏分区0.5%，其中辽吉黑分区煤炭资源储量以辽宁居多，占63.6%；黄淮海分区以冀、鲁、豫、皖四省区较多，分别占10.9%、19.8%、41.9%和23.4%；晋、陕、蒙、宁四省区分别占该区的69.6%、15.2%、13%和2.2%；云贵川渝分区以贵州、滇东、川东较多，分别占57.9%、21.7%和18.6%；甘青分区甘肃、青海、新疆三省区分别占52.6%、20.8%和26.6%。

中华家的大型煤炭基地

中国大型煤炭基地包括蒙东（东北）、鲁西、两淮、河南、冀中、神东、晋北、晋东、晋中、陕北、黄陇（华亭）、宁东、云贵、新疆14个。

蒙东（东北）煤炭基地位于中国东北地区，主要包括内蒙古东部和黑龙江、吉林的部分矿区，该地区煤炭资源目前主要集中于蒙东地区，吉林和黑龙江的煤炭资源较少。该基地主要承担东北三省和内蒙古东部煤炭资源的供需平衡，以减轻山西煤炭调入东北的铁路运输压力。

鲁西、两淮、河南、冀中四大煤炭基地分别位于山东省西南部、安徽两淮地区、河南中北部和河北省中南部，也是中国煤炭

堆积的煤炭

主要消费区，煤炭产能远不能满足自身需求，是"西煤东运"的主要目的地。四大煤炭基地担负向京津冀、中南、华东地区煤炭供应的重要任务。

神东、晋北、晋东、晋中、陕北、黄陇（华亭）、宁东七大煤炭基地位于晋陕蒙宁分区，是中国煤炭资源丰富的地区，担负向华北、华东、中南、东北、西北等地区供应煤炭，是"西煤东运"和"北煤南运"的调出基地，也是"西电东送"北部通道煤电基地，其中晋中基地是中国最大的炼焦煤生产基地，面向全国供应炼焦煤资源。

云贵基地位于云贵川渝分区，煤炭资源相对丰富，但产能较小不能满足需求，是"北煤南运"的主要目的地，也是"西电东

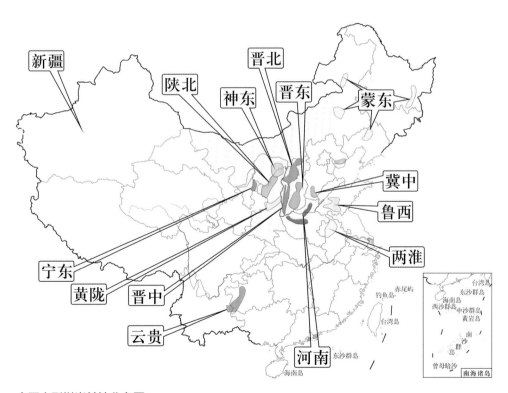

中国大型煤炭基地分布图

送"南部通道煤电基地。该基地包括贵州、滇东以及四川的部分矿区，担负向西南、中南地区的煤炭供应。

新疆基地位于北疆分区，煤炭资源丰富，资源前景非常广阔，是中国集煤炭、煤电、煤化工于一体的大型综合性基地。该基地主要包括准东、吐哈、伊犁、库拜四大煤田，其中准东煤田以优先建设特大型现代化露天矿为主，重点发展煤电和煤化工，

中国内蒙古草原上的蒙古包

内蒙古阿拉善额济纳旗黄昏胡杨林鸟瞰图

参与"疆煤东运";吐哈煤田重点承担"疆煤东运",适度发展煤电及电力外送;伊犁煤田重点建设千万吨级矿井,以发展煤化工为主;库拜煤田则以供应南疆用煤为主。随着"一主两翼"铁路线和"哈密至郑州、准东至重庆"两条±1000千伏级特高压输电线路的完成,新疆基地职能将由当初的自给自足逐渐转变为"疆煤东运"和"疆电东输"。

九曲黄河十八弯

山西露天矿

新疆秋山之路

新疆那拉提草原
的蓝天白云

天山丝绸之路上
的蒙古包

第四章
与煤共生

如果把煤系地层看作一个"矿物王国"，地层中拥有的各种资源就是这个"王国"的成员，其中煤炭是这个"王国"的主要成员，其他还有高岭土、膨润土、石膏等黏土矿物成员，还有煤成油、煤层气以及铝、锗、镓、铀、钒等成员，这些成员都是煤炭的共伴生资源，它们都是经过亿万年的演化和积累才形成，是人类生存和发展离不开的物质，可以在煤炭开发的过程中共同开采利用。

在中国古代，"矿"被解释为"金玉未成器者"，即可以从中提炼出金属或雕琢出玉。周代设置"矿人"，是主管金属矿和玉石生产的官职。这些矿产是在漫长的地质作用过程中形成的，对于人类而言，属于不可再生的资源。由于开采技术条件的限制，目前对矿产资源的利用限于岩石圈表层的地壳浅部，主要在陆地上开采。

在各类矿产中，金属矿产品曾占有最重要的地位，所以中文的"矿"字早年本从"金"旁。铜和铁的使用，成为划分人类社会历史阶段的标志。随着科学技术的进步和人类需要的增加，作为能源的矿产量和产值，都已超过金属矿产品；非金属矿产品的生产也有大的发展。许多过去认为没有多大价值的岩石或废弃的矿渣，正越来越多地成为重要的资源。如制造第一颗原子弹用的铀，就是从刚果民主共和国一个矿山的废渣中得到的，而常见的花岗岩已成为日益重要的建筑材料。矿产的范围在不断扩大，各种矿物或岩石只要能用于人类生产或生活，并具有经济价值，都可以称为矿产。

矿物的收集

矿物和宝石

共生矿产：在同一矿区（或矿床）内存在两种或多种符合工业指标，并具有小型规模以上（含小型）的矿产，即"达标""成型"的称为共生矿产。

伴生矿产：在矿床（矿体）中与主矿、共生矿一起产出，未"达标"或未"成型"的、技术和经济上不具有单独开采价值，但在开采和加工主要矿产时能同时合理地开采、提取和利用的矿石、矿物或元素。

煤系地层中的伴生矿产资源很多是以煤层夹矸或顶、底板出现的，距煤层不远，利用采煤的技术和设备略加改造，就可以随着采煤附带或单独开采出来。这不但可以节省大量投资和充分利用矿产资源，而且可以延长煤矿的服务年限。开展综合矿产资源开发，将取得资源、经济、环境和社会等多方面效益，对可持续发展意义重大。

自然界中的矿产资源

在地球科学中，把天然产出的、具有一定化学成分和物理特征的元素或化合物称为矿物，而把矿物的集合体称为岩石。矿产资源是指岩石圈内技术上可行、经济上有利用价值的那部分物质。它们以元素或化合物的集合体形态产出，为"有用的"矿物岩石，其实不过是某种有用的成分在这里比较集中便于利用，因而人们称它为"矿"。包括煤、石油、天然气、泥炭和油页岩等由地球历史上的有机物堆积转化而成的"化石燃料"常常被归为一类，称为"能源类"矿产。

矸石中的宝贝

在矿山附近我们常常看到巨大的矸石山，由在矿山开采过程中挖掘出的岩石堆积而成，被人们称为"矿山固体废弃物"，但在这些岩石中也含有丰富的矿产资源。

在中国煤田及围岩中的共伴生矿产资源中，有开发利用价值的矿产主要有高岭土、膨润土、石膏、石墨、油页岩、硅藻土、耐火黏土、天然焦、叶蜡石、硅灰石、石灰岩、大理石、花岗岩、冰洲石、宝石类（如琥珀）等，种类繁多，分布广且品质高。这些矿产在电子、机械、冶金、轻工、化工、纺织、建材、石油、食品等许多工业以及农林、环保、医药行业中，有着非常广泛的用途。随着科学技术的发展，人们对这些矿石中的主要组成矿物的化学成分、晶体构造、物理化学性质，以及矿物应用之间的相互取代的认识日益深入，不断开拓出许多新的用途。

矸石

混含在煤层中的石块，含少量可燃物，不易燃烧。俗称"矸子"。包括采矿过程中，从井下或露天矿采场采出的或混入矿石中的碎石，以及煤层中间的薄岩层（又称"夹石"或"夹心矸子"）。矿山地面的矸石堆称"矸石山"。

瓷器的原料——高岭土（岩）

提起高岭土，大家可能就会想起景德镇的瓷器，确实高岭土的名称就是因江西省景德镇高岭村而得名，这种以高岭石族黏土矿物为主的黏土和黏土岩，因呈白色而又细腻，又称白云土。

高岭土

质纯的高岭土呈洁白细腻、松软土状，具有良好的可塑性和耐火性等理化性质。矿物成分主要由高岭石、埃洛石、水云母、伊利石、蒙脱石以及石英、长石等矿物组成。

高岭石的晶体化学式为 $2SiO_2 \cdot Al_2O_3 \cdot 2H_2O$，其理论化学组成为46.54%的$SiO_2$，39.5%的$Al_2O_3$，13.96%的$H_2O$。高岭土类矿物属于1:1型层状硅酸盐，晶体主要由硅氧四面体和铝氧八面体组成。

高岭土

人们一般不会把洁白的瓷器和黑色的煤炭联系在一起，但其实在煤系地层中存在着分布面积广泛、层位稳定、储量丰富的高岭土矿，而且大多是超大型（上亿吨）和大型矿床（上千万吨）。

全国煤系高岭土（岩）资源总量为497.09亿吨，其中探明储量28.9亿吨，预测可靠储量151.20亿吨，预测可能资源量为317.5亿吨。煤系高岭土主要分布在石炭纪、二叠纪、三叠纪、侏罗纪和第三纪的煤系地层中，尤其是华北石炭、二叠系煤田中，赋存于煤层顶、底板及夹矸中的高岭土泥岩品位高，在大范围内发育稳定、连续。高岭石矿物含量一般在 90%～95%，有的甚至达到98%，绝大多数以结晶有序的自生高岭石为主；一般厚10～50厘米，在内蒙古、宁夏、陕西等地局部地区厚度达1米以上，分布数万平方千米，是优质的超大型高岭土矿床。

高岭土是造纸、陶瓷、橡胶、化工、涂料、医药和国防等几十个行业所必需的矿物原料。陶瓷工业是应用高岭土最早、用量较大的行业。煤系高岭土经粗选后可作为建筑材料铸造型砂；经改性处理后可作为橡胶、塑料的填充料等；此外，煤系高岭土还可用来提炼金属铝、合成 4Å沸石、生产聚合氯化铝、白炭黑及铜版纸涂料等。

小陶瓷碗中的高岭土粉（自制化妆品——面膜或磨砂膏的成分）

中国江西景德镇陶瓷

高岭石在1200～1500摄氏度高温条件下，能与碳结合成SiC，能与氮结合成Si_3N_4和塞隆（Sialon），后者是一种新型高温、高强陶瓷。因具有许多优良的物理性能，可代替金属，用作核反应堆、喷气飞机、火箭燃烧喷嘴等耐高温复合材料以及陶瓷发动机材料，在一些尖端部门得到了广泛的应用。但该材料采用工业硅作为原料，成本较高，因而需要寻找廉价的原料来源。由于对原料要求不是很苛刻，煤系高岭土即成为制备这类特种陶瓷的有发展前途的原料之一。

"万能土"——膨润土

有"万能土"之称的膨润土是一种以蒙脱石为主要矿物成分的黏土岩，也称蒙脱石黏土岩。美国最早发现是在怀俄明州的古地层中，呈黄绿色的黏土，加水后能膨胀成糊状，后来人们就把凡是有这种性质的黏土，统称为膨润土。

◆ 知识卡

膨润土

膨润土的主要矿物成分是蒙脱石，含量在85%～90%，一般为白色、淡黄色，因含铁量变化又呈浅灰、浅绿、粉红、褐红、砖红、灰黑色等；具蜡状、土状或油脂光泽；膨润土有的松散如土，也有的致密坚硬。

膨润土的性质都是由蒙脱石所决定的。蒙脱石的性质和它的化学成分和内部结构有关，蒙脱石结构是由两个硅氧四面体夹一层铝氧八面体组成的2∶1型晶体结构，由于蒙脱石晶胞形成的层状结构存在某些阳离子，如Cu^{2+}、Mg^{2+}、Na^+、K^+等，且这些阳离子与蒙脱石晶胞的作用很不稳定，易被其他阳离子交换，故具有较好的离子交换性。按蒙脱石可交换阳离子的种类、含量和层间电荷大小，膨润土可分为钠基膨润土（碱性土）、钙基膨润土（碱土性土）、天然漂白土（酸性土或酸性白土）。

膨润土

碗里的灰色膨润土（自制面膜和身体裹敷配方）

膨润土具有很强的吸湿性和膨胀性，可吸附8～15倍于自身体积的水量，体积膨胀可达数倍至30倍；在水介质中能分散成胶凝状和悬浮状，这种介质溶液具有一定的黏滞性、触变性和润滑性；有较强的阳离子交换能力；对各种气体、液体、有机物质有一定的吸附能力，最大吸附量可达5倍于自身的重量；它与水、泥或细沙的掺和物具有可塑性和黏结性；具有表面活性的酸性漂白土能吸附有色离子。

含煤岩系中膨润土储量大，在煤系地层中已探明的储量为8.88亿吨，有一定工程控制的远景储量为11.15亿吨。煤系膨润土的储量占中国膨润土总储量的绝大部分，特别是钠基膨润土储量大，质量好。吉林省刘房子煤矿产出的钠基膨润土，其蒙脱石含量高达70%～90%，甚至超过了世界著名的美国怀俄明州产的钠基膨润土。

膨润土的用途非常广泛，具有吸附性和阳离子交换性能，可用于除去食用油的毒素、汽油和煤油的净化、废水处理；由于有很好的吸水膨胀性能以及分散和悬浮及造浆性，因此可用于钻井泥浆、阻燃（悬浮灭火）；还可在造纸工业中作填料；可优化涂料的性能如附着力、遮盖力、耐水性、耐洗刷性等；由于有很好的黏结力，可代替淀粉用于纺织工业中的纱线上浆，既节省粮食又不起毛，浆后还不发出异味。膨润土已在工农业生产的24个领域100多个部门中得到应用，有300多个产品，因而人们称为"万能土"。

- **制备钻井用泥浆**。利用膨润土特别是钠基膨润土配制的泥浆制浆率高、失水少、泥饼薄、含砂量少、密度低、黏结性强、性能稳定、造壁能力强、对钻具阻力小。

- **制作铁矿球团**。在铁精矿中加入0.5%～1.5%的钠基膨润土黏结成球团，直接入高炉冶炼而取代传统的烧结法，可分别节省熔剂和焦炭10%～15%，提高高炉生产能力40%～50%，故球团技术得到迅速发展，中国已全面推广该技术。

- **铸造型砂黏结剂**。该黏结剂的优点是具有较强的抗夹砂能力，解决了型砂易塌方的问题，提高了铸造成品率。

- **用于农药载体和稀释剂，**使农药毒性均匀分散。

新型环保涂料——硅藻土

近年来社会上兴起一种环保的建筑材料，它不仅不会散发出对人体有害的化学物质，还有改善居住环境的作用，这种材料就是硅藻土，它也是煤炭伴生资源之一。中国煤系地层中硅藻土资源很丰富，已探明储量1.9亿吨，占全国总储量的71%。多与褐煤共生，矿床分布比较集中，埋藏浅，开采成本低。

知识卡

硅藻土

硅藻土是一种生物成因的硅质沉积岩，由单细胞水生植物硅藻的遗骸沉积所形成，这种硅藻的独特性能在于能吸收水中的游离硅形成其骨骸，当其生命结束后骨骸发生沉积，在一定的地质条件下形成硅藻土矿床。硅藻土化学成分主要是SiO_2，含有少量Al_2O_3、Fe_2O_3、CaO、MgO、K_2O、Na_2O、P_2O_5和有机质。硅藻土的颜色为白色、灰白色、灰色和浅灰褐色等。

硅藻土

来自硅藻土的黏土细砾石

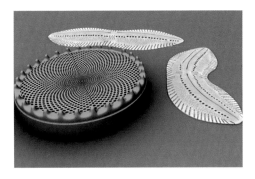

单细胞藻类——硅藻

100倍显微镜下的海洋硅藻

在蔬菜上撒硅藻土粉末（为无毒有机驱虫剂，
能使昆虫脱水）

硅藻泥吸水置物垫/皂托

显微镜下可观察到天然硅藻土的特殊多孔性构造，这种微孔结构是硅藻土具有特征理化性质的原因，如多孔性、较低的密度、较大的比表面积、相对的不可压缩性及化学稳定性，在通过对原土的粉碎、分选、煅烧、气流分级、去杂等加工工序改变其粒度的分布状态及表面性质后，可适用于涂料、油漆、添加剂等多种工业要求。采用硅藻土为原料生产出来的建材，不仅具有阻燃、除湿、除臭和通透性好的特点，而且还能够净化空气、隔音、防水和隔热。

铅笔笔芯——石墨

前面已经介绍煤的主要组成部分是碳、氢、氧、氮、硫等元素组成的复杂高分子有机化合物，碳是煤中最重要的组分。在煤的共伴生矿产资源中还有一种由碳构成的矿产资源，而且是一种结晶碳，这就是石墨，常被称为炭精或黑铅。我们常用的铅笔的笔芯也是用石墨制成的。

中国煤系地层中的石墨矿床主要分布在湖南、吉林、广东、福建、北京、黑龙江等省、市。现已探明煤系中石墨资源量达5252万吨，占世界已探明石墨资源量的40%以上。

石墨

铅笔

石墨

石墨是一种结晶形碳，六方晶系，为铁墨色至深灰色。密度2.25克/厘米^3，硬度1.5，熔点3652摄氏度，沸点4827摄氏度。质软，有滑腻感，可导电。化学性质不活泼，耐腐蚀，与酸、碱等不易发生反应。在空气或氧气中加强热，可燃烧并生成二氧化碳。

石墨烯分子纳米技术结构

石墨可用作抗摩剂和润滑材料，制作坩埚、电极、干电池、铅笔芯。高纯度石墨可在核反应堆上作为中子减速剂。近年来研究与应用开发持续升温的石墨烯也是由石墨加工得来。2004年，英国曼彻斯特大学的两位科学家安德烈·海姆（Andre Geim）和康斯坦丁·诺沃肖洛夫（Konstantin Novoselov）发现他们能用一种非常简单的方法得到越来越薄的石墨薄片。他们从高定向热解石墨中剥离出石墨片，然后将薄片的两面粘在一种特殊的胶带上，撕开胶带，就能把石墨片一分为二。不断地这样操作，于是薄片越来越薄，最后他们得到了仅由一层碳原子构成的薄片，这就是石墨烯。他们共同获得2010年度诺贝尔物理学奖。石墨烯常见的粉体生产的方法为机械剥离法、氧化还原法、SiC外延生长法，薄膜生产方法为化学气相沉积法（CVD）。石墨烯具有优异的光学、电学、力学特性，有关的材料广泛应用在电池电极材料、半导体器件、透明显示屏、传感器、电容器、晶体管等方面。鉴于石墨烯材料优异的性能及其潜在的应用价值，在化学、材料、物理、生物、环境、能源等众多学科领域已取得了一系列重要进展，被认为是一种未来革命性的材料。

知识卡

金刚石的兄弟

提起钻石，人们就会联想到光彩夺目、闪烁耀眼的情景，它随着拥有者的活动而光芒四射。但因它的昂贵价格，大多数人只能望而却步。尽管如此，人们对钻石还是很向往的。你知道钻石是什么吗？它的化学成分是碳（C），天然的金刚石经过琢磨后可成为璀璨的钻石。天然的钻石是非常稀少的，世界上质量大于1000克拉（1克=5克拉）的钻石只有2颗，400克拉以上的钻石只有多颗，中国迄今为止发现的最大的金刚石重158.786克拉，这就是"常林钻石"。物以稀为贵，正因为可作"钻石"用的天然金刚石很罕见，人们就想"人造"金刚石来代替它，这就自然地想到了金刚石的"孪生"兄弟——石墨了。

金刚石和石墨的化学成分都是碳，称"同素异形体"。从这种称呼可以知道它们具有相同的"质"，但"形"或"性"却不同，且有天壤之别，金刚石是目前最硬的物质，而石墨却是最软的物质之一。

石墨和金刚石的硬度差别如此之大，但人们还是希望能用人工合成方法来获取金刚石，因为自然界中石墨（碳）储量是很丰富的。但是，要使石墨中的碳变成金刚石那样排列的碳，不是那么容易的。虽然出自实验室或工厂的人工合成钻石已有几十年的历史，但是具备宝石质量的人造钻石是最近才出现的。宝石级人造钻石采用高温超高压（UPHT）合成法和等离子增强化学气象沉积（PECVD）合成法制造。本来人造钻石主要用于制造切割工具等工业用途上，但现在同样也被使用在珠宝首饰上。

目前人造金刚石的具体方法已有十几种。世界上已有二十几个国家（包括中国）均合成出了金刚石。世界金刚石的消费中，80%的人造金刚石主要是用于工业，它的产量也远远超过天然金刚石的产量。中国在该领域研究居前沿地位，中国金刚石单晶产量占全球总产量的90%以上，稳居世界第一。全球珠宝级的实验室培育钻石原石产量约为600万～700万克拉，其中，中国产量达到300万克拉。

钻石

点豆腐的原料——石膏

石膏是单斜晶系矿物，主要化学成分为硫酸钙（$CaSO_4$）的水合物。目前预测中国煤系共生石膏储量达115.7亿吨，超过世界上其他国家石膏探明储量的总和。

中国是世界上较早利用石膏的国家之一。古籍《神农本草经》就有关于石膏的发现与利用的记载。唐代（公元618—907年）以后，湖北房县与应城、山西汾阳与灵石、甘肃敦煌、山东蒙阳、江苏徐州及陕西汉中等地，相继发现并开采石膏，用作药

💧 **知识卡**

石膏

一般所称石膏可泛指生石膏和硬石膏两种矿物。生石膏为二水硫酸钙（$CaSO_4 \cdot 2H_2O$），又称二水石膏、水石膏或软石膏，理论成分CaO占32.6%，SO_3占46.5%，H_2O占20.9%，单斜晶系，晶体为板状，通常呈致密块状或纤维状，白色或灰、红、褐色，玻璃或丝绢光泽，摩氏硬度为2，密度2.3克/厘米^3；硬石膏为无水硫酸钙（$CaSO_4$），理论成分CaO占41.2%，SO_3占58.8%，斜方晶系，晶体为板状，通常呈致密块状或粒状，白、灰白色，玻璃光泽，摩氏硬度为3~3.5，密度2.8~3.0克/厘米^3。两种石膏常伴生产出，在一定的地质作用下又可互相转化。

石膏

豆腐丁

医生打石膏

工人在石膏毛坯上抹灰

物和制豆腐的凝固剂等。因为豆腐的原料黄豆中含有大量的蛋白质，黄豆经过水浸、磨浆、除渣、加热，得到蛋白质的胶体（一种介于溶液和悬浊液、乳浊液之间的混合物）。点豆腐就是要使胶体中的蛋白质发生凝聚和水分离。石膏水属电解质溶液，可以中和胶体微粒表面吸附的离子的电荷，使蛋白质分子很快地聚集到一块儿（即胶体的聚沉），成了白花花的豆腐脑。再挤出水分，豆腐脑就变成了豆腐。

20世纪初以来，随着中国近代工业的兴起，石膏在工农业生产中的利用日益广泛。石膏及其制品的微孔结构和加热脱水性，使之具优良的隔音、隔热和防火性能。石膏是一种用途广泛的工业材料和建筑材料，可用于水泥缓凝剂、石膏建筑制品、模型制作、医用食品添加剂、硫酸生产、纸张填料、油漆填料等。

岩浆炼制的焦炭——天然焦

天然焦是具有黏结性的烟煤受岩浆直接接触在自然条件下焦化的产物。由于岩浆侵入后与煤层接触或接近煤层，或由于煤层的地下自燃，使煤层干馏而形成的焦炭。因与人工焦炭相似而得名。赋存于岩墙、岩床、岩株等岩浆侵入体的两侧或一侧，厚度一般为几厘米至几米。受热温度越高，变化程度越深，天然焦的厚度也加大。

依据煤层及其附近岩浆侵入状况的不同，天然焦性质亦不同。主要分为两类：一类是煤层中或煤层附近有大于煤层厚度的岩浆岩时，煤层在相当广阔的范围内受到程度大致相同的干馏，此时生成的天然焦质地均匀而有利用价值。另一类是岩浆有规则地或复杂地侵入煤层中，或煤层附近的岩浆岩比煤层薄，由于岩浆与煤层之间的距离不同，加热程度也因地而异，在同一井田内的同一个地点就会有天然焦、无烟煤或半无烟煤混在一起的情况，这样天然焦很难单独采出来，因而这一类天然焦利用价值很低。

🔥 知识卡

天然焦

天然焦外观有的与焦炭相似，呈灰黑色至钢灰色，略带金属光泽，呈块状。由于天然焦是在地层的密闭状态下受压，经干馏作用而生成，常有气体和水封存在天然焦的内部，具有多孔结构。视比重为1.45~2.06，比重为1.60~2.28，孔隙率为4.9%~13%，坚固性系数为1.70~2.80，普氏硬度1.6，哈氏可磨性指数（HGI）为38%~55%。由于天然焦是在密闭状态下受压干馏，有气体和水分封存在天然焦内，因而燃烧时具有热爆性，燃烧时极易爆裂成碎块，并发出噼啪声。

中国天然焦储量极为丰富。如安徽淮北煤田，江苏丰沛煤田、盐城煤田，河南永城煤田，山东滕州官桥、陶枣煤田等都有分布。安徽省淮北矿区天然焦储量约有5.9亿吨，江苏省徐州市丰县、沛县、铜山区天然焦储量约有7.3亿吨，山东省枣滕地区天然焦储量约有4.1亿吨，如加上深部推测的远景储量，华东地区的天然焦总储量可能有20亿吨。辽宁省阜新市天然焦储量也极为丰富，其中海州、平安、五龙、东梁、王家营子煤田分布较多，估计储量约1亿多吨。

天然焦可作为生产合成氨的原料，以及制净水过滤剂、生产发生炉煤气、做活性炭生产的主要原料，还可生产压制蜂窝煤、烧石灰等。天然焦还可以取代煤炭用于水泥和岩棉生产中。试验结果表明，使用天然焦取代煤时，立窑煅烧与全部用煤时相比未见明显差别，烧制的熟料质量亦可稳定在较好的水平。以天然焦代部分煤生产水泥不仅可以生产符合国家标准的水泥，而且可大幅度降低水泥的生产成本。

煤中的油和气

在多年的勘探工作中，一个奇特的现象始终围绕着地质工作者们：石油与煤似乎是"相克"的，即在产煤的盆地中找不到石油，而在产出石油的盆地中也见不到煤的踪迹。

近年来，人们在新疆吐鲁番—哈密一带的煤系地层发现了夹有富含有机质的泥岩层，进而发现了由煤系形成的油田和气田；在塔里木盆地北缘的库车地区也发现了煤系形成的大气田，这些发现说明煤系不仅能生成石油更能生成天然气。

在中国的一些煤矿中，工人们采煤时常会发现煤层中夹杂的石油，有时还会被从煤层中冒出来的石油溅得浑身油乎乎的，虽然这些石油达不到工业化的程度，但却是煤能够生成石油的直接证据。

油页岩与石油

地球上动植物死亡、堆积、埋藏后可转化为沉积岩或沉积物中的有机质，富含有机质、大量生成油气与排出油气的岩石统称为烃源岩，它们是形成煤、石油、天然气、油页岩等化石能源矿产的物质基础。具有连通孔隙、允许油气在其中储存和渗滤的岩层称之为油气储层。在成因上有共生关系的煤源岩与油气储层组成的沉积岩系，是形成油气藏的必要条件。含煤岩系包括高度集中的煤层和分散于暗色沉积物中的有机质，都可以演化生成油气，称为煤成油气。煤成油气是煤系中一种重要的、与煤伴生的能源矿产。

🔥 知识卡

烃源岩

烃源岩（source rock）也叫生油岩。法国石油地质学家蒂索（Tissot，1978）等定义烃源岩为"富含有机质、大量生成油气与排出油气的岩石"。烃源岩是一种能够产生或已经产生可移动烃类的岩石。

抽油机、钻机剪影

新疆克拉玛依市风城油田

煤系地层生成的石油——煤成油

所谓的煤成油是指含煤地层有机质（包括煤层有机质与煤系地层中沉积岩分散有机质）在成煤过程和成熟过程中形成的液态烃，在特定的地质条件下可部分从煤层和含煤岩系烃源岩中排驱并储集成藏。

煤系所处的古沉积环境（古水深、沉积相）、受热过程（即其埋藏史和热演化史）以及利于生成石油的显微组分的富集等因素都对煤系石油的生成有决定性的影响。

煤系所处的古地理环境是煤成油的主要因素。古环境因素是指煤系在沉积时所处的地理环境、陆源植物生长的水体深度以及所处的沉积相带等。大家知道，煤岩主要发育在沼泽地区，水体深度不大，一般呈现氧化环境，那里生长着大量的高等与低等的植物。而在湖泊—沼泽相区，则反映各类植物生存水体深度较大，靠近湖泊，主要是弱氧化—弱还原环境，这种环境有利于煤系的有机显微组分中发育有一定数量的利于成油的组分。研究表明，湖泊—沼泽相是一种有利成煤和成油的古地理环境，而芦苇沼泽有机相是最有利的煤成油的相带。目前发现的吐哈煤成油田就是这种有利的古地理环境的产物。

沉积环境

一般来说，氧化环境的沼泽相区更适合煤岩的发育。大约在1.5亿年以前的侏罗纪，中国大陆的气候温暖潮湿，陆生植物生长十分繁茂，河流、沼泽湿地大面积发育，后来又未历经大规模的沉降深埋，是很有利的成煤环境。这种成煤时期和环境影响决定了中国目前煤田以及煤成油田分布的格局。

煤系中的有机显微组分含有一定比例的富氢组分，是有利于生成石油的另一重要条件。有机质生成石油的主要元素是碳、氢、氧等，其中氢组分含量是生成石油的关键，而煤系岩层中碳、氧元素十分丰富。煤岩有机显微组分，主要是富含镜质体和脂质体组分，还含有少量壳质体和丝质体组分。煤岩中一般缺少富含氢的腐泥质体和壳质体，这类组分的发育和富集程度与煤系形成的古地理环境相关。三角洲相煤系处在较深水的湖泊—沼泽

新疆克拉玛依油田

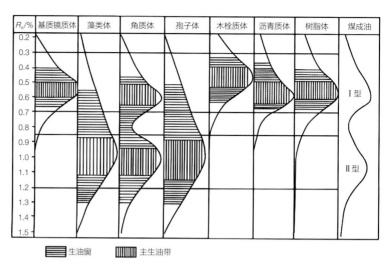

R_o/%	基质镜质体	藻类体	角质体	孢子体	木栓质体	沥青质体	树脂体	煤成油

煤中不同显微组分生油模式

区的弱还原环境下才有利于富含孢子花粉、藻类的腐泥质体和壳质体发育，同时也有利于富氢组分的发育。据资料表明，煤系中腐泥组分的含量大于15%时才可能形成煤成油。不难看出，这种煤系成油的条件比较苛刻，需特定的地质、地球化学环境，并不是所有的煤系都能生成石油。

埋藏地下的煤系只有达到适宜的温度和埋深条件下才有利于成油。煤系在埋藏过程中不宜经历过高的温度，即有机质的热演化程度要达到适宜的成熟度。成熟度指标"镜质组反射率"R_o<1%时才会有利于那些可成油的有机组分不至于发生高温裂解而向气转化。如果成熟度指标R_o≥1%，则表明煤系在地质历史上经历过高成熟—过成熟热演化阶段，有利于煤成天然气的形成。

按组成特征，煤成油可划分为凝析油、低蜡原油和高蜡原油三类。

凝析油为浅色轻质原油，经济价值很高。主要由低分子烃类化合物组成，高分子量的甾萜类生物标志物含量甚低或难以检测。中国四川、华北、西北等地某些煤成气气田及油田的天然气中，均含凝析油。

在山区和田野中采矿油泵

柴达木盆地戈壁雅丹地貌

低蜡原油正烷烃含量低，芳烃含量较高，含氧、氮、硫杂原子的沥青组分的含量也低。加拿大马更些盆地的煤成油即为低蜡原油。

高蜡原油含蜡量超过5%的原油，属于链烷烃石油。澳大利亚吉波斯兰盆地和印度尼西亚马哈卡姆三角洲的陆相原油，都具有高蜡性质。中国的原油常含高蜡。成熟度较低的原油，含有C_{27}至C_{33}蜡质组分，而成熟度高的原油，这一特征则不明显。

尽管煤成油的研究起步晚于煤成气，但世界一些地方已相继发现并经研究证实了一些由陆相植物有机质或含煤系地层有机质演化形成的煤成油田。

中国在20世纪五六十年代发现的鄂尔多斯盆地西缘石炭二叠纪鸳鸯湖油田，四川西部晚三叠世中坝油气田，柴达木盆地侏罗纪冷湖油田，天山南、北侏罗纪齐古油田和伊奇克里克油田，吐鲁番盆地侏罗纪七克台油田和胜金台油田等，虽然规模都比较小，但都具有煤成油油苗。在东北地区侏罗纪、第三纪含煤岩系以及浙江长广煤矿，也都发现油气苗和重要线索。1989年以来，又在吐鲁番—哈密盆地发现了一批侏罗纪油气田，也见有煤成油油苗。

🔥 知识卡

油苗

油苗（oil seepage）：地壳内的石油在地面上的露头，是寻找石油矿的重要标志之一。它的形成多与断裂有关，石油可沿断层或节理由生油层或含油层运移至地表，其规模大小不一。如中国西北老君庙的干油泉、克拉玛依的黑油山等都是著名的大型油苗。

在澳大利亚南部吉普斯兰盆地晚白垩世至第三纪拉特罗布组含煤岩系中发现了30亿桶煤成油。印度尼西亚马哈卡姆第三纪三角洲油田、库珀盆地侏罗纪含煤岩系也有煤成油发现。加拿大西北部的马更些三角洲油田、尼日利亚南部尼日尔三角洲油田油源岩亦为煤层及含煤岩系。

澳大利亚吉普斯兰湖海岸公园的鸟瞰图

尼日利亚尼日尔三角洲

富含焦油的煤炭——富油煤

煤田地质学中将焦油产率大于7%的煤炭称为富油煤。焦油产率主要通过原煤样品低温干馏试验获得。《矿产资源工业要求手册》（2014修订版）中根据煤的焦油产率分级将煤的含油性划分为三个等级。

煤的焦油产率分级（《矿产资源工业要求手册》，2014）

序号	级别	焦油产率Tar, d（%）
1	高油煤	＞12
2	富油煤	7~12
3	含油煤	≤7

中国富油煤主要分布在西部12个省、市及自治区，即西南五省、区、市（重庆、四川、云南、贵州、西藏）、西北五省、区（陕西、甘肃、青海、新疆、宁夏）和内蒙古、广西。

在中国煤炭资源保有储量中，特低（SLV）、低（LV）、中等（MV）、中高（HMV）、高（HV）、特高（SHV）挥发分煤所占比例分别为4%、15%、9%、24%、46%和2%，即中国煤

榆林富油煤

知识卡

煤焦油

煤焦油是煤热解生成的粗煤气中的产物之一，其产量约占装炉煤的3%~4%。其组成极为复杂，主要为多环芳烃和含氮、氧、硫的杂环芳烃混合物。在常温常压下其产品呈黑色黏稠液状，气味与萘或芳香烃相似。

种普遍属于中高—高挥发分煤。按照低温干馏焦油产率划分，含油煤（ET）、富油煤（RT）和高油（HT）分别占47%、45%和8%。

陕西、内蒙古、宁夏、甘肃、新疆西部五省、区（简称"陕内宁甘新"）是中国煤炭资源富集区、煤炭主产区，也是富油煤的集中蕴藏区。根据自然资源部煤炭资源勘查与综合利用重点实验室于2019年发布的"陕西省富油煤开发潜力评价"项目研究成果，陕西煤炭富油性十分突出，富油煤资源量达1500多亿吨，居全国之首，尤其是榆林地区。

目前富油煤75%作为动力煤燃烧，化工用煤占到20%左右。以陕西省为例，2019年省内煤炭消费21859万吨，火力发电、冶金行业、化工行业、建材行业、民用及其他行业分别占全省煤炭消费的29.64%、26.28%、26.19%、5.73%和12.16%。以生产油气为目的的热解利用几乎没有，"细粮粗做"，油气组分没有发挥应有价值。

采用热解（中低温干馏）的方法，将富油煤中富含的油气组分以焦油和煤气的形式解析出来，以焦油和油气为原料进一

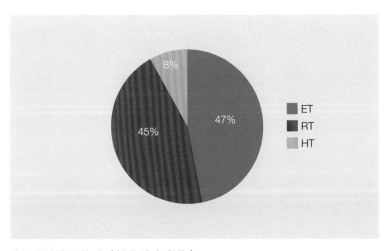

中国煤炭资源构成（按焦油产率分）

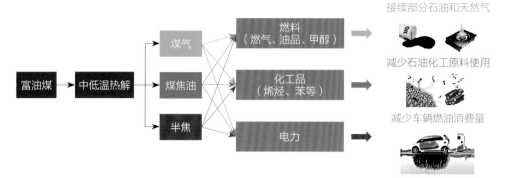

富油煤利用的主要产业方向

步加工可生产系列燃料、化工品、电力；固体半焦燃烧发电、化工转化也可生产燃料、化工品、电力，满足对油气的多层次需求。煤焦油主要成分是环烷烃、烷烃等，经分馏可得汽油、润滑油等馏分和残余物沥青，直接加氢也可生产柴油、酚等。煤气主要成分是甲烷（CH_4）、氢气（H_2）、一氧化碳（CO）等，可以直接生产天然气，也可以生产氢气、甲醇等天然气化工产品。半焦主要成分是固定碳，可以燃烧发电，也可以进一步气化生产合成气，合成气再变换、合成，生产汽油、柴油、烯烃等产品。

煤系地层生成的天然气——煤成气

煤成气是天然气的一种成因类型，是指煤层和含煤沉积中的沉积有机质在成煤过程中生成的生态烃（天然气），其成分主要为甲烷，含不等量的重烃、少量氮和CO_2。煤成气的原始母质的结构与油型气是完全不同的，结构的不同导致产物的差异。煤成气的原始母质为腐殖质有机质，是以缩合的环状结构为主的化合物，带有较短的侧链，其热降解产物以天然气为主，并有少量凝析油或轻质油。储存于煤层围岩中的称为天然气，储存于煤层中且以地面开发进行利用的，称为煤层气；储存于煤层中且伴随煤炭开采释放或抽采的，称为煤矿瓦斯。

煤、石油和天然气都是沉积有机质经地质作用，在不同环境中演化的产物。整个埋藏演化历程就是成煤作用过程，包括了泥炭化作用和煤化作用两个演化阶段。在各个演化阶段中，聚集有机质形成了各种煤化程度的煤，同时也产生了不同成分的煤成气。

煤成气的生气机制有生物成因和热成因两种。

生物成因气是微生物地球化学作用的产物，其通过两个途径生成：一是还原二氧化碳；二是甲基型有机质发酵。生物成因气最早形成于 $R_{o, max}$＜0.5%、有机质演化未成熟阶段，这一时期由生物降解生成的气称为原生生物气，因储集层（煤层及顶底板岩层）埋深较浅，生储盖不完善，没有良好的气藏封闭，生气不容易大量保存，难以成为重要的煤成气源。生物成因气还可产生于成煤之后。当构造抬升和剥蚀作用使煤层出露地表或被松散沉积物覆盖，埋藏变浅与大气、水相通，煤层中可再次形成有利于微生物

天然气开采示意图

活动的环境。此时地下水和大气降水可将补给区的细菌运移到煤层内，并对煤层内的热成因气和其他甲基型有机化合物降解形成生物降解气。这一时期生成的生物降解气称为次生生物气。如果有适宜的气藏保存条件，次生生物气常能形成重要的煤成气田。

热成因气是沉积有机质经物理地球化学作用"煤化或演化"的结果，煤的有机质在其煤化或演化的各个阶段中，都可通过热降解作用和热裂解作用生气。早期热成因气产生于煤变质作用初期，相当于有机质演化的成熟阶段，随着温度和压力增加，煤有机质的芳构化程度较低、有大量带侧链的官能团，由于受热发生降解作用，侧链或官能团断裂，生成重烃分子和CH_4、CO_2、水等小分子，同时煤有机大分子的芳构化程度提高，CO_2被水溶解带走或被进一步还原为CH_4，从而形成以甲烷为主要成分的煤成气。晚期热成因气产生于煤变质作用的大部分时期，相当于烃源

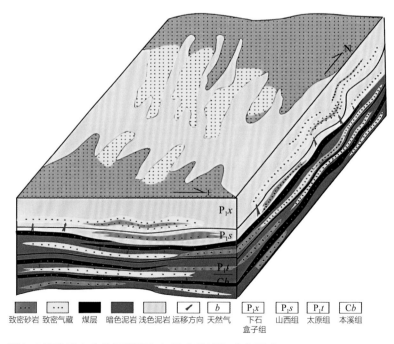

| 致密砂岩 | 致密气藏 | 煤层 | 暗色泥岩 | 浅色泥岩 | ✓ 运移方向 | b 天然气 | P_1x 下石盒子组 | P_1s 山西组 | P_1t 太原组 | Cb 本溪组 |

鄂尔多斯盆地上古生界煤层气与致密砂岩气成藏模式

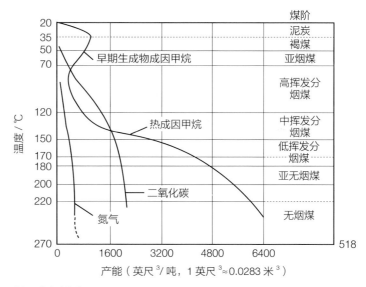

煤层生气模式图

岩演化的成熟阶段的高端、高成熟阶段和过成熟阶段。在煤成烃的有机质演化成熟阶段，热成因气的生成是煤有机质早期热降解作用的继续，并达到热降解速率的高峰，生成的气体中CH_4的比例急剧升高、CO_2的比例急剧下降，并有大量重烃气和液态烃的生成；在煤成烃的有机质演化高成熟阶段，热成因气以热降解生气为主，但热降解作用呈减弱趋势，热裂解作用逐渐增强，生气大部分源于煤分子侧链或官能团的脱落，一部分来源于已生成或正在生成的液态烃或重烃气的热裂解；在煤成烃的有机质演化过成熟阶段，热成因气以裂解作用生气成为主导，当$R_{o, max} > 2.5\%$以后，全部为热裂解成因生气。热成因气主要源于已生成的液态烃或重烃气的热裂解，部分源于煤分子或重烃分子侧链的脱落。

煤成天然气是中国大然气储量和产量的主体。

1978年煤成天然气储量和年产量分别仅占全国天然气总储量和年产量的9%和2.5%，到2013年年底，中国煤成天然气总探明储量是71409.66亿立方米，产量为814.30亿立方米，分别占全国的72.53%和67.31%。大气田是中国天然气工业发展的顶梁柱，而与煤成天然气相关的大型、特大型气田是中国天然气储量的主体。截至2011年年底，中国共发现并探明大气田48个，气田数仅是全国的1.2%，却占有全国天然气储量的87.93%，其中煤成大天然气田就有31个，在2013年，煤成天然气总储量占大气田总储量的74.6%；大气田总年产量为922.72亿立方米，占全国天然气总产量的76.3%，其中煤成大天然气田产量为710.13亿立方米，占全国大气田总产量的76.96%。

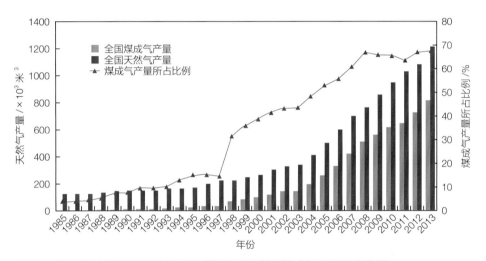

1985—2013年中国天然气及煤天然成气产量及煤天然成气产量所占比例

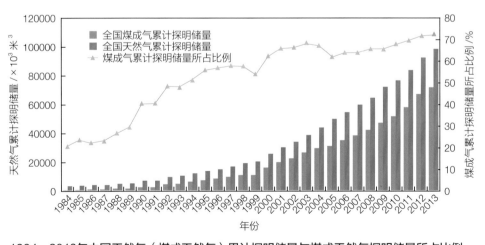

1984—2013年中国天然气（煤成天然气）累计探明储量与煤成天然气探明储量所占比例

中国煤层气资源丰富，位居世界第三。据国土资源部油气资源战略研究中心《煤层气资源动态评价（2017）》，全国煤层气地质资源量30.05万亿立方米，煤层气可采资源量12.50万亿立方米。其中，埋深1500米以浅的煤层气可采资源量8.77万亿立方米，埋深1500～2000米的煤层气可采资源量3.73万亿立方米。本次资源评价将全国划分为5个大区：东北、华北、西北、南方和青藏。华北地区煤层气资源最丰富，可采资源量5.07万亿立方米，占比40.6%；西北地区可采资源量3.83万亿立方米，占比30.6%；南方地区可采资源量2.31万亿立方米，占比18.5%；东北地区可采资源量1.29万亿立方米，占比10.3%；青藏地区由于地表条件差，本次未计算可采资源量。

中国重点盆地（群）煤层气资源量

大区	盆地（群）个数	产层时代	产层煤阶	地质资源量/$10^{12}m^3$	可采资源量/$10^{12}m^3$
东北	11	新时代、中生代	低、中、高煤阶	2.91	1.29
华北	12	中生代、古生代	低、中、高煤阶	13.91	5.07
西北	7	中生代、古生代	低、中、高煤阶	7.77	3.83
南方	10	新生代、中生代、古生代	低、中、高煤阶	5.46	2.31
青藏	1	古生代	高煤阶	0.0044	—
合计	41	新生代、中生代、古生代	低、中、高煤阶	30.05	12.50

据自然资源部油气资源战略研究中心《中国能源矿产发展报告》（2020），中国共41个煤层气含气盆地（群），其中煤层气地质资源量大于10000亿立方米的大型含气盆地（群）共10个，依次为鄂尔多斯、沁水、滇东黔西、准噶尔、天山、川南黔北、塔里木、海拉尔、二连和吐哈盆地（群）。

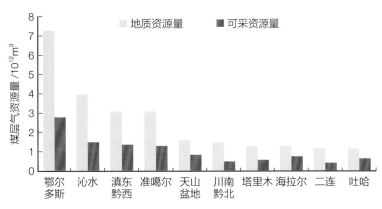

中国重点盆地（群）煤层气资源分布

煤层中的天然气——煤层气

中国作为煤炭资源和消费大国，煤层气开发利用具有能源、安全和环境等三重效益：煤层气是一种高效洁净能源（1立方米纯煤层气相当于1.13千克汽油、1.21千克标准煤），可以有效弥补天然气供需缺口；CH_4是高辐射性的温室气体，温室效应是CO_2的21～25倍，可以有效减排温室气体。

中国能源消费保持长期增长趋势，消费需求达到峰值仍需较长时间，到2030年能源需求总量控制在60亿吨标准煤。据中石化经济技术研究院预测，石油需求峰值出现预计在2030年前后，峰值10亿吨；天然气需求峰值出现预计在2045年，约为9000亿立方米。2018年，中国原油对外依存度将突破70%大关，天然气对外依存度突破40%，天然气供应安全成为继石油安全之后又一重要的能源安全命题。非常规天然气产能的提升是中国增强能源自主保障能力与优化能源结构的重要途径。

中国煤层气产业发展与国家减少温室气体排放外交策略相呼应。中国的CO_2排放总量正在超越欧美的总和，中国人均碳排放量已经超过了欧盟。国务院常务会议决定，到2020年中国单位国内生产总值CO_2排放比2005年下降40%～45%，2030年前CO_2排放需达到峰值。CH_4的温室效应是CO_2的21～25倍，对全球气候变暖的贡献率已达15%，仅次于CO$_2$，是地球上的第二大温室气体。目前中国煤层气年抽采量近130亿立方米，利用率40%左右，仅通过乏风每年排放的CH$_4$量约在150亿立方米以上，相当于浪费1500万吨原油或3000万吨原煤，产生近2亿吨CO$_2$的排放量。

煤层气属于典型的自生自储型非常规天然气，煤层气储存在煤层中的状态有吸附态、游离态和溶解态，除此之外还有少数学者提出的类液态相（Collins，1991）。

煤基内表面分子的吸引力在煤的表面产生吸附场，把甲烷气吸附在基质表面与基质块所含的孔隙内，把煤层气这种赋存状态称为吸附状态。游离态煤层气则是分布在煤孔隙及裂隙内，溶解态煤层气是在溶解作用下赋存在煤层水中。煤化作用过程中生成的甲烷气体，首先满足吸附，然后是溶解和游离析出，在一定的温度和压力条件下，这3种状态的气处于统一的动态平衡体系之中。一般情况下，3种状态中以吸附状态为主，可占70%～95%，游离状态约占10%～20%，溶解状态极小。具体的比例取决于煤的变质程度、埋藏深度等因素。

如前文所述，煤层气在煤储层中的3种相态的甲烷气体处在一个动态平衡过程中。

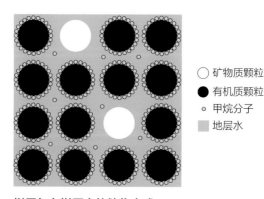

○ 矿物质颗粒
● 有机质颗粒
○ 甲烷分子
▪ 地层水

煤层气在煤层中的储集方式

当煤储层中流体压力降低时，以物理吸附的形式吸附在煤基质孔隙内表面的煤层气发生解吸作用变为游离态煤层气，之后游离态煤层气经过煤基质扩散或渗流进入天然裂隙，天然裂隙内的游离态煤层气通过渗流到达井筒而产出。归纳而言，煤层气的产出机理就是解吸—扩散—渗流的"3D"理论（Desorption——解吸，Diffusion——扩散，Darcy Flow——渗流）。

从煤表面解吸　　　　运动到煤的孔缝里　　　　汇流到大的裂缝中

煤层气解吸扩散的过程

根据煤层气产出机理，在开发过程中制定了排水—降压—解吸—采气的开采理论，有效地指导了煤层气的开发实践。

煤成气开采方式示意图

国家能源局数据显示，截至2018年年底，全国累计施工煤层气井约为1.8万口，2018年全国地面煤层气抽采量54.13亿立方米，利用量49.00亿立方米，利用率约90.52%。2018年，全国煤矿瓦斯抽采量129.84亿立方米，利用量53.09亿立方米，利用率约40.89%。

地面煤层气运输方式主要包括管道运输（PNG）、液化槽车运输（LNG）、压缩槽车运输（CNG）、吸附储运（ANG）等方式。煤层气可作燃料用于民用、工业用气和汽车燃料等，化工利用主要有煤层气合成氨、合成甲醇、合成金刚石、合成油和制氢气5种途径。

煤矿瓦斯属于井下抽采，甲烷体积分数不小于30%的高浓度瓦斯，可设置储气柜储存，管输距离一般在100千米范围以内，用于瓦斯发电、民用、瓦斯锅炉、瓦斯提浓、氧化铝焙烧、煤泥烘干和陶瓷厂等工业用气。甲烷体积分数8%～30%的低浓度瓦斯可直接通过低浓度燃气内燃发电机组用于发电，技术成熟。甲烷体积分数8%以下的低浓度瓦斯与空气或乏风掺混至甲烷体积分数1%～1.2%后，可通过蓄热氧化机组氧化后回收烟气余热供热或拖动蒸汽轮机发电。风排瓦斯的利用主要有热氧化、催化氧化和作为辅助燃料三种方式。其中，热氧化技术和催化氧化技术已实现工业化运行，是较为成熟的技术，在国内山西、陕西、重庆等地均有应用，风排瓦斯用作燃气内燃发电机组燃烧空气在国外有应用，国内尚处于研究起步阶段。

煤层气主要利用途径及特点汇总

种类	利用途径	优点	缺点	甲烷体积分数适用范围
地面煤层气	民用	热值高、价格低廉、利用范围广	民用具有时段性，峰谷用气量差别大	≥30%
	工业用气	用户集中、用气量稳定	受居民调峰影响，供气不能保证	≥30%
	汽车燃料	续航里程长、清洁高效	受新能源电动车冲击，应用受到限制	≥90%
	化工原料	洁净、利用前景广阔、高附加值	技术有待研发，尚未形成产业链	≥90%

种类	利用途径	优点	缺点	甲烷体积分数适用范围
煤矿瓦斯	民用、瓦斯锅炉、工业企业等作燃料	热值高、价格低廉、利用范围广	民用具有时段性，锅炉具有季节性，峰谷用气量差别大	≥30%
	低浓度瓦斯提纯	将低浓度瓦斯甲烷体积分数提纯至30%以上，应用范围更广	项目投资大、运行成本高，受抽采瓦斯气源供应影响大	≥13%
	高浓度瓦斯提纯	甲烷体积分数提纯至90%以上，制LNG/CNG，或并入天然气管网，应用范围更广	项目投资大、运行成本高，受抽采瓦斯气源供应影响大	≥30%
	瓦斯发电	变输气为输电，热电联供，效率高，适用浓度范围广	排放烟气中含有氮氧化物，安装脱硝设施增加运行成本，受补贴政策影响，发展受阻	≥8%
	氧化发电	将低浓度瓦斯提纯至30%以上高浓度瓦斯，应用范围更广	项目投资大、运行成本高，受抽采瓦斯气源供应影响大	≤8%乏风或空气掺混至1.0%～1.2%
风排瓦斯	氧化供热	系统简单，替代燃煤锅炉节能环保	一次性投资大、运行耗电量大	≥0.3%
	燃烧空气	系统简单，可回收利用任何浓度的风排瓦斯	受燃烧空气量限制，规模较小，只能回收部分风排瓦斯	所有风排瓦斯

知识卡

气体体积分数

体积分数是假定能够把混合气体中的不同气体分开，各气体在同温同压下有一定的体积（其总和是混合气体的体积），各气体单独存在时的体积除以总体积即为其体积分数，通常以%为单位。

从甲烷和氧气的反应式：$CH_4 + 2O_2 = CO_2 + 2H_2O$，可以看出甲烷在纯氧中的体积占1/3时爆炸最强烈，空气中氧气占21%左右，所以甲烷在空气中所占的体积分数是9.5%左右时，甲烷爆炸最强烈。

煤中的伴生元素

煤的伴生元素主要指以与煤中有机质或无机矿物相结合的形式存在于煤层中的元素。目前，在煤中已查明了80多种元素，其中许多在煤中形成富集，有的可形成工业矿床，如富锗煤、富铀煤、富钒石煤等。煤型硒矿床和钒矿床主要赋存在石煤中，特别是煤中稀土矿床，具有非常广阔的开发应用前景，现已经成为美国开发稀土的主要研究对象。

1896年，首次在煤灰中发现稀有元素。20世纪50年代以前，煤中伴生元素的调查和研究多侧重于分布规律及成因理论的研究。60年代，随着原子能工业、电子工业、航空工业及其他尖端技术的发展，对稀有金属需求量剧增，促使研究重点转移到伴生元素的调查和回收利用。许多国家发现了一些煤中伴生元素含量较高的远景区，并在锗、镓、铀、钒等元素的回收利用上有突破性的进展。

煤中伴生元素的来源，一般认为有3种：植物生长过程中选择性吸收；植物遗体分解过程中从介质中吸附或呈矿物质掺入；煤层形成后地下水循环带入。元素在煤层中的富集与元素的地球化学性质、物质来源、沉积环境以及煤的变质程度等密切相关。

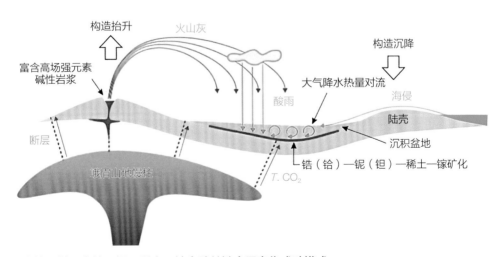

西南地区煤系中锆—铌—稀土—镓多种关键金属富集成矿模式

中国对煤中伴生元素的调查研究始于1956年，目前已查明煤及石煤中的伴生元素有60余种，在煤中富集品位较高、达到或超过工业品位、可作为工业矿床开发利用或综合利用的元素近20种。目前能进行工业性生产的有铝、锗、镓、铀、钒等，其中铝、锗、镓、铀等都属于关键金属。

关键金属由于具有极度耐高温、耐腐蚀、光学和电磁性质优良等物理化学特性，是航空航天、电子信息、高端制造、新能源、新材料等重点领域和新兴产业发展的重要物质基础。由于高科技和新兴产业的快速发展，未来几十年全球对关键矿产的需求将迅猛增长，供需矛盾将日益突出，可以说，未来国际矿产资源和科技的竞争在很大程度上将集中于对关键矿产资源的博弈。为此，以美国、欧盟及澳大利亚为首的西方国家，相继提出关键矿产目录和清单，明确其供应安全为国家战略，制定了各自的关键矿产发展战略，并启动了关键矿产重大研究及勘探计划，旨在减少因关键矿产资源供应链中断而带来的国家安全与经济发展隐患，保障关键矿产资源的稳定供给。

🔥 知识卡

关键金属

关键金属矿产资源在美国列为35种，欧洲14种，中国目前没有明确定义，2016年11月国务院批复通过的《全国矿产资源规划（2016—2020年）》首次将24种矿产列为战略性矿产目录，包括石油、天然气、页岩气、煤炭、煤层气、铀、锂、铁、铬、铜、铝、金、镍、钨、锡、钼、锑、钴、稀土、锆、磷、钾盐、晶质石墨和萤石。后来，又强调"三稀"资源的重要性，即稀土金属、稀有金属和稀散金属，其中稀土金属包括铱、镧、铈、镨、钕、钷、钐、铕、钆、铽、镝、钬、铒、铥、镱、镥、钪17种元素，稀有金属包括锂、铍、铌、钽、锆、锶、铪、铷、铯9种元素，稀散金属包括镓、锗、铟、镉、铊、铼、硒和碲8种元素。

最早应用的半导体元素——锗

锗的化学符号是Ge，原子序数是32。在化学元素周期表中位于第4周期、第ⅣA族。它是一种灰白色类金属，有光泽，质硬，属于碳族，化学性质与同族的锡与硅相近。在自然中，锗共有五种同位素，原子量在70～76。它能形成许多不同的有机金属化合物，例如四乙基锗及异丁基锗烷。

锗在地壳中的含量为百万分之七，比之于氧、硅等常见元素当然是少，但是却比砷、铀、汞、碘、银、金等元素都多。然而，锗却非常分散，几乎没有比较集中的锗矿，因此被人们称为"稀散金属"。锗在煤、银、锡、锌、铜等矿中含有少量，近代工业生产主要以硫化锌矿、煤以及冶金废料或烟道灰尘中回收。

由于矿石很少含有高浓度的锗，即使地球表面上的锗丰度是相对得高，它在化学史上被发现得仍然比较晚。门捷列夫在1869年根据元素周期表的位置，预测到锗的存在与其各项属性，并把

锗

Ge

32
Ge
Germanium
72.63

原子量：72.63
电子排布：2，8，18，4

锗晶体

115

它称作拟硅。克莱门斯·温克勒于1886年在一种叫硫银锗矿的稀有矿物中，除了找到硫和银之外，还发现了一种新元素。尽管这种新元素的外观跟砷和锑有点像，但是新元素化合物的结合比，符合门捷列夫对硅下元素的预测。温克勒以德国的拉丁语名来为这种元素命名。

挪威地球化学家、晶体化学家和矿物学家戈尔德施密特（Victor Moritz Goldschmidt，1888—1947）于1930年首次从煤灰的分析中发现锗，锗是煤中研究最多的伴生元素之一，也是开发利用最成功的元素之一，已经被工业化利用50余年。英国是最早从煤的烟尘中提取锗的国家，世界上50%以上的工业用锗来自煤。

中国有10余省（区）找到了富锗煤层，有的含锗平均品位达228克/吨，单样最高品位达3500克/吨。锗主要富集在中、新生代褐煤和部分晚古生代的中、低变质烟煤中。一般在古陆边缘或沉积盆地边缘的煤系上、下部煤层中，以及煤层近顶、底板部位，锗有局部富集的趋势。锗主要以腐殖酸盐形式存在于煤的有机质中，镜煤是锗的最大载体。煤中锗的含量达20克/吨，即可从烟尘或煤的加工产品中提取回收。

煤中可利用的金属锗和各种锗的化合物，均是从富锗煤的燃烧产物，特别是飞灰中提取的。世界上3个正在开采利用的煤型锗矿床，锗均由布袋除尘器收集的飞灰中提炼的。在我国内蒙古锡林郭勒盟乌兰图嘎和云南临沧富锗飞灰中，锗的含量分别为3.52%～11.09%和4.66%（灰基）。乌兰图嘎和临沧的富锗煤分别在旋涡熔炼炉和链式炉内燃烧，然后用布袋除尘器捕获富锗飞灰，飞灰的收集效率均高于99.8%。飞灰中的锗主要以GeO_2晶体存在，锗的氧化物中可含有砷、锑、钨等元素，形成（Ge，As）Ox、（Ge，As，Sb）Ox、（Ge，As，W）Ox和（Ge，W）Ox等晶体化合物。另外，飞灰中的玻璃体（非晶态）、含钙铁酸盐、SiO_2晶体等中均可含有锗。乌兰图嘎锗提炼厂的锗设计产能是每

密封玻璃管中旧锗点接触二极管的特写

年100吨，临沧锗提炼厂锗的年产量为39～47.6吨，均高于俄罗斯巴甫洛夫斯佩祖格利（Spetzugli）提炼厂锗的设计年产量（21吨）。从乌兰图嘎富锗飞灰中已提炼出99.99999%～99.999999%的高纯锗。

锗的应用很广泛，可应用在电子工业中，在合金预处理中，在光学工业上，还可以作为催化剂。

高纯度的锗是半导体材料。从高纯度的氧化锗还原，再经熔炼可提取而得。20世纪初，锗单质曾用于治疗贫血，之后成为最早应用的半导体元素。锗和铌的化合物是超导材料。单质锗的折射系数很高，只对红外光透明，而对可见光和紫外光不透明，所以红外夜视仪等军用观察仪采用纯锗制作透镜。二氧化锗是聚合反应的催化剂，含二氧化锗的玻璃有较高的折射率和色散性能，可作广角照相机和显微镜镜头，三氯化锗还是新型光纤材料添加剂。

21世纪以来，随着光纤通信行业的发展，红外光学在军用、民用领域的应用不断扩大，太阳能电池在空间的使用，地面聚光高效率太阳能电站推广，全球对锗的需求量在持续稳定增长。

锗玻璃和锗手链

镓（Gallium）是灰蓝色或银白色的金属，符号Ga，原子量69.723。镓的熔点很低，但沸点很高。纯液态镓有显著的过冷的趋势，在空气中易氧化，形成氧化膜。

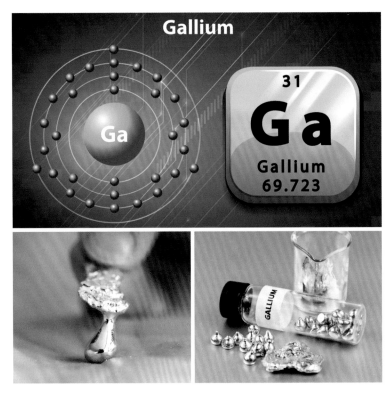

液体镓片　　　　　　　　　固态金属镓

镓是化学史上第一个先从理论预言，后在自然界中被发现验证的化学元素。1871年，门捷列夫发现元素周期表中铝元素下面有个间隙尚未被占据，他预测这种未知元素的原子量大约是68，密度为5.9克/厘米^3，性质与铝相似，他的这一预测被法国化学家布瓦博得朗（Paul Emile Lecoq de Boisbaudran）证实了。1875年，布瓦博得朗在闪锌矿矿石（ZnS）中提取的锌的原子光谱上观察到了一个新的紫色线，他知道这意味着一种未知的元素出现了，并证明了它像铝。在1875年12月，他向法国科学院宣布了这一发现。

由于镓在地壳中的浓度很低，在地壳中占总量的0.0015%。它的分布很广泛，但不以纯金属状态存在，目前发现的富镓矿物只有4个，分别为硫镓铜矿、羟镓石、羟氧镓石和砷镓铅矾。镓主要与煤系、煤层中的黏土层伴生，一般在煤层的黏土夹层及围岩中较为富集。美国肯塔基州有的煤层煤灰中平均含镓540克/吨；德国鲁尔煤田，煤灰中镓最高含量达1000克/吨；中国富镓煤层多分布于西南部晚古生代和中生代含煤岩系中，含量20～40克/吨，最高达345克/吨。煤中镓品位达30克/吨即可进行综合利用。

镓的提取有直接酸浸法提取，主要针对煤燃烧过程中，部分镓挥发吸附在粉煤灰表面，通过酸溶解方式富积，采用吸附、溶剂萃取等提取镓。活化酸浸提取法主要是煤燃烧后，由于镓以氧化物形式残留在Si－Al玻璃体晶格中，因此提取镓前，需对粉煤灰进行一定活化预处理，释放镓，随后通过溶剂萃取法、离子交换法和萃淋树脂法等方法提取。通过溶剂萃取法结合支撑液膜进行载体的选择，并将单一酸性载体和耦合载体负载到支撑液膜可进行镓选择性分离。结果表明，以煤油为膜相，体系对镓的萃取率高达98.2%。该工艺不仅提高了酸性有机磷萃取剂对金属镓的萃取效率，还解决了萃取剂消耗问题，可以应用于粉煤灰中金属镓的分离与回收。

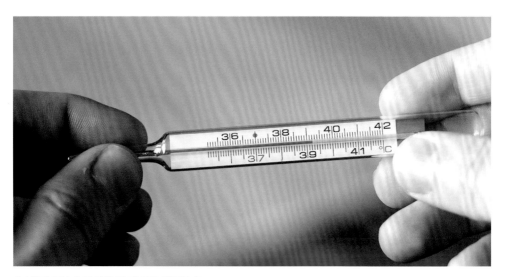

在镓温度计上检查温度高于39摄氏度

镓的工业应用包括：制造半导体氮化镓、砷化镓、磷化镓、锗半导体掺杂元；纯镓及低熔合金可作核反应的热交换介质；高温温度计的填充料；有机反应中作二酯化的催化剂等。镓的工业应用还很原始，尽管它独特的性能可能会应用于很多方面。液态镓的宽温度范围以及它很低的蒸气压使它可以用于高温温度计和高温压力计。镓化合物，尤其是砷化镓在电子工业已经引起了越来越多的注意。

2014年诺贝尔物理学奖授予三名来自美国和日本的科学家，以表彰他们发明了蓝色发光二极管（LED）技术。蓝光LED器件中包含几种不同的GaN层，技术实现的难点也在于高质量GaN晶体的生长。蓝光二极管的产生，使LED三原色完备，白光显像成为可能。如今，LED照明在手机、电视和广场大屏幕等产品中都有应用，它所耗费的能源要比相同亮度的白炽灯和日光灯小得多。这让其在能源需求迅速增长的时代，具有格外重要的意义。

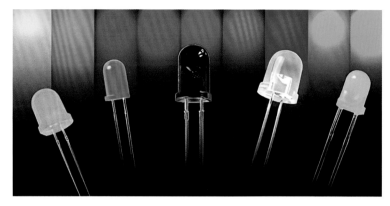

发光二极管

可自我修复的变形液态金属

2014年9月23日，美国北卡罗来纳州一个科研团队研发出一种可进行自我修复的变形液态金属，距离打造"终结者"变形机器人的目标更近一步。

科学家们使用镓和铟合金合成液态金属，形成一种固溶合金，在室温下就可以成为液态，表面张力为每米500毫牛顿。这意味着，在不受外力情况下，当这种合金被放在平坦桌面上时会保持一个几乎完美的圆球不变。当通过少量电流刺激后，球体表面张力会降低，金属会在桌面上伸展。这一过程是可逆的：如果电荷从正转负，液态金属就会重新成为球状。更改电压大小还可以调整金属表面张力和金属块黏度，从而令其变为不同结构。

北卡罗来纳州立大学副教授迈克尔·迪基（Michael Dickey）说："只需要不到一伏特的电压就可改变金属表面张力，这种改变是相当了不起的。我们可以利用这种技术控制液态金属的活动，从而改变天线形状、连接或断开电路等"。

此外，这项研究还可以用于帮助修复人类被切断的神经，以避免长期残疾。研究人员宣称，该突破有助于建造更好的电路、自我修复式结构，甚至有一天可用来制造电影《终结者》中的T-1000机器人。

核能的原料——铀

铀（Uranium）是原子序数为92的元素，其元素符号是U，是自然界中能够找到的最重元素。在自然界中存在三种同位素，均带有放射性，拥有非常长的半衰期（数10万年～45亿年）。此外还有12种人工同位素。铀在1789年由德国人马丁·海因里希·克拉普罗特（Martin Heinrich Klaproth）发现。

1972年，法国物理学家弗朗西斯·佩兰（Francis Perrin）分别在西非加蓬奥克洛的3个矿床中，发现了15处古天然核反应堆，今天已不再活跃。该矿床的年龄为17亿年，当时地球上的铀中，铀-235占3%。在适当环境下，这足以激发并维持核连锁反应。人类最早使用铀的天然氧化物，可以追溯到公元79年以前。当时氧化铀被用来为陶瓷上黄色的彩釉。1912年，牛津大学的

铀矿石

铀矿石

铀

原子量：238.02
电子排布：2，8，18，32，21，9，2

铀的符号和电子图

冈瑟（R. T. Gunther）在意大利那不勒斯湾波希里坡海角（Cape Posillipo）的古罗马别墅中，发现了含1%氧化铀的黄色玻璃。从欧洲中世纪晚期开始，波希米亚约阿希姆斯塔尔（今捷克亚希莫夫）的居民就使用哈布斯堡银矿中提取的沥青铀矿来制造玻璃。

早在1875年，伯绍德（Berthoud）从美国丹佛附近的煤中检测出铀。铀是煤中最早工业化开发利用的元素，它的工业化提取是煤中关键金属开发利用的里程碑。第二次世界大战结束后的一段时间内，煤中铀是美国和苏联核工业用铀的主要来源。瓦因（Vine，1956）报道了美国煤中含铀的情况，指出在南达科他、北达科他、怀俄明、蒙大拿、科罗拉多、新墨西哥等地都发现了富含铀的煤。在英国的沃里克郡，德国的巴伐利亚，巴西南部，匈牙利南部，中国的西北侏罗纪煤田、云南第三纪煤田以及苏联及其他一些国家也都发现富含铀的煤。1955 和1958 年，在日内瓦召开的第一、二届和平利用原子能会议上，众多研究者报告了煤和其他含有机质的岩石中赋存铀的研究成果。这个期间是人们研究煤中铀的高潮期。中国煤田地质系统也于1960年前后开展了煤中铀的普查。

知识卡

自然界中煤的含铀量

自然界大多数煤中含铀量是比较低的，在通常情况下不超过10毫克/千克。如果达到$n \times 10$毫克/千克就应引起注意；若达到或超过$n \times 100$毫克/千克则属异常富集。据对中国621个样品分析数据的统计，中国多数煤处于0.5～10毫克/千克，平均3毫克/千克。中国检测到的高值有16250毫克/千克和25660毫克/千克。

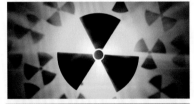

绿色铀玻璃奶油壶

铀能以可溶性的六价铀酰离子状态被水介质迁运，含铀的水溶液流过煤层或泥炭沼泽地带时，铀可能被有机物吸附还原沉淀于煤中，而形成含铀煤。综合国内外研究者提出的意见，铀在一般煤中的赋存状态有以下三种：

①与有机质结合；
②呈类质同象赋存在锆石、磷灰石、金红石、独居石、碳酸盐矿物、磷酸盐矿物、稀土磷酸盐矿物内；
③被黏土矿物吸附。

已经从煤中检测出的含铀矿物有：晶质铀矿、水硅铀矿、钙铀云母、铜铀云母、钒钾铀矿。

从煤中提取铀主要有两种途径，一是从原煤中提取铀；二是从煤灰中提取铀。直接从原煤中浸出铀，由于煤中有机物会部分地溶于浸出试剂中，在浸出工艺中有许多困难，如浸出矿浆液固分离困难，树脂被有机物中毒或萃取乳化等；而且试剂消耗较多，铀浸出率又较低。故含铀煤处理通常是先将煤进行灰化，再从煤灰中提取铀。其过程包括：煤和砂岩、黏土的选矿分离；火法预处理（即煤的灰化）；水法处理（即煤灰浸出和从浸出溶液或矿浆中提取铀）。

在含铀煤成因过程中，除了经过多次矿化富集和淋滤成矿的工业品位含铀煤外，还有大量的只经过共生沉积的铀含量很低的含铀煤，从这类低品位含铀煤中回收铀，不仅在综合利用资源方面有重要意义，而且在环境保护方面也是十分必要的。故今后从煤中提取铀的研究方向是从低品位含铀煤中提取铀，降低成本和回收煤中有价值的伴生元素。

海岸的核电站

铝是最重要的轻金属，化学符号Al，在元素周期表中属ⅢA族，原子序数13。铝元素在地壳中的含量仅次于氧和硅，居第三位，是地壳中含量最丰富的金属元素。

铝（Aluminium）的英文名出自明矾（alum），即硫酸复盐KAl$(SO_4)_2$·12H_2O。史前时代，人类已经使用含铝化合物的黏土（Al_2O_3·2SiO_2·2H_2O）制成陶器。铝在地壳中的含量仅次于氧和硅，位列第三。但是由于铝化合物的氧化性很弱，铝不易从其化合物中被还原出来，因而迟迟不能分离出金属铝。

1746年，德国人波特（J. H. Pott）从明矾制得一种氧化物，即氧化铝。18世纪，法国的拉瓦锡（A. L. Lavoisier）认为这是一种未知金属的氧化物，它与氧的亲和力极大，以致不可能用碳和当时已知的其他还原剂将它还原出来。1807年，英国人戴维（H. Davy）试图电解熔融的氧化铝以取得金属，没有成

知识卡

铝

铝（Aluminium）是一种金属元素，元素符号为Al，原子序数为13，原子量26.9815386，面心立方晶体，常见化合价为+3。其单质是一种银白色轻金属，有延展性。商品常制成棒状、片状、箔状、粉状、带状和丝状。在潮湿空气中能形成一层防止金属腐蚀的氧化膜。铝粉在空气中加热能猛烈燃烧，并发出炫目的白色火焰。易溶于稀硫酸、硝酸、盐酸、氢氧化钠和氢氧化钾溶液，难溶于水。相对密度2.70。熔点660摄氏度。沸点2327摄氏度。

铝元素

功；1809年，他将这种想象中的金属命名为alumium，后来改为aluminium。1825年，丹麦人奥斯忒（H. C. Oersted）用钾汞齐还原无水氯化铝，第一次得到几毫克金属铝，指出它具有与锡相同的颜色和光泽。1827年，德国人韦勒（F. Wöhler）用钾还原无水氯化铝得到少量金属粉末。1845年他用氯化铝气体通过熔融金属钾的表面，得到一些铝珠，每颗重10～15毫克，从而对铝的密度和延展性作了初步测定，指出铝的熔点不高。1854年，法国人德维尔（S. C. Deville）用钠代替钾还原$NaAlCl_4$络合盐，制得金属铝。同年建厂，生产出一些铝制头盔、餐具和玩具。当时铝的价格接近黄金。1886年，美国人霍尔（C. M. Hall）和法国人埃鲁（P. L. T. Héroult）几乎同时分别获得用冰晶石—氧化铝熔盐电解法制取金属铝的专利。1888年，在美国匹兹堡建立第一家电解铝厂，铝的生产从此进入新的阶段。1956年，世界铝产量开始超过铜而居有色金属的首位。铝的价格在常用有色金属中按体积计是比较便宜的。

在以后的一段时期里，铝是帝王贵族们享用的珍宝。法国皇帝拿破仑三世在宴会上使用过铝制叉子；泰国国王使用过铝制表链。在1855年巴黎博览会上，它与王冠上的宝石一起展出，标签上注明"来自黏土的白银"。1889年，门捷列夫还曾得到伦敦化学会赠送的铝合金制成的花瓶和杯子。到19世纪末，铝的价格发生了成千倍的跌落。首先是由于19世纪70年代西门子改进了发电机后，有了廉价的电力；其次是由于法国的埃鲁和美国的霍尔于1886年分别发展了将氧化铝溶解在冰晶石（Na_3AlF_6）中电解的方法。当时他们都是22岁。这项创举使铝可大规模生产，奠定了今天世界电解铝的工业方法。至今各种铝制品已广泛进入千家万户。

铝主要以铝硅酸盐矿石存在，还有铝土矿和冰晶石。中国煤系地层中的铝土矿在华北主要赋存于本溪组下部G层铝土和下石盒子组底部B层铝土中，前者矿物成分以硬水铝石为主，含量可达40%～90%，次要矿物成分为高岭石，含量多在50%以下，后者Al$_2$O$_3$含量＞40％，甚至可达56％。这些高铝黏土矿床中，均含有低硅、低硫、低铁、高铝的优质矿石。

由于特殊的地质成矿背景，在内蒙古中西部和山西北部等地区，含铝矿物与煤层同时沉积形成的高铝煤炭资源，远景资源量约1000亿吨，已探明资源储量为319亿吨，其中，内蒙古237亿吨、山西76亿吨、宁夏6亿吨。燃烧后产生的粉煤灰中氧化铝含量在45%以上的煤炭资源主要分布在内蒙古中部准格尔煤田。初步预算，中国高铝煤炭远景资源量中含氧化铝100亿吨（折金属铝约50亿吨），是中国特有的具有开发价值的再生含铝矿物资源。

随着国家"西电东送"战略的深入实施，新建火电厂装机规模不断扩大，这些地区高铝粉煤灰的排放量还会增加。目前，中国高铝粉煤灰年排放量约2500万吨，其中，内蒙古中西部地区约1180万吨，集中堆存在呼和浩特市、鄂尔多斯市；山西北部约520万吨，主要堆存在朔州地区。同时中国高铝粉煤灰累计积存量已超过1亿吨，主要分布在内蒙古中西部和山西北部。高铝粉煤灰资源的大量排放和集中堆存，为规模化生产氧化铝提供了稳定可靠的资源保障。

铝土矿

知识卡

高铝粉煤灰

高铝粉煤灰是粉煤灰的一种新类型，已得到学界的公认，一般认为氧化铝含量大于37%的粉煤灰被称为高铝粉煤灰。高铝粉煤灰一般是指$Al_2O_3+SiO_2+Fe_2O_3 \geqslant 80\%$的粉煤灰，其特点是含$Al_2O_3$高，一般大于38%，高者甚至超过50%，相当于国外三水铝石矿的Al_2O_3含量。中国的高铝粉煤灰石中含有大量高岭土、正长石、铝土矿等矿物，作为发电厂所用的原煤经细磨在电厂煤粉锅炉中粉末化燃烧后即成为高铝粉煤灰。高铝粉煤灰成分中含37%～48%Al_2O_3，35%～52%SiO_2，Fe、Ti、Ca、Mg等的氧化物总含量为8%～12%，还含有微量的稀散及稀土金属。

与煤共生的铝土矿可以和煤炭一起进行综合开采，包括煤层底板以及单独成层、有开采价值的铝土矿床。对于高铝粉煤灰利用，中国经过多年自主科技攻关已取得多项成果并进行了产业示范。其中，最具代表性的是大唐集团开发的预脱硅一碱石灰烧结法工艺，采用该技术在内蒙古托克托工业园区建设的年产20万吨氧化铝示范生产线已投入运行，能耗、物耗等主要指标基本达到设计要求，产品质量符合国家标准，为规模化开发利用高铝粉煤灰提供了工程示范和技术支撑。

近年来，随着中国铝产业的不断发展，氧化铝规模不断扩大，铝土矿消耗逐年增加，资源短缺矛盾日益突出，中国自2000年开始大量进口铝土矿，2009年，进口铝土矿1970万吨，加上进口氧化铝514万吨，铝资源的对外依存度高达55%。因此，开发利用高铝粉煤灰资源，可部分替代铝土矿资源，有利于缓解国内铝土矿资源短缺的矛盾，对于增加有效供给，保障产业安全，增强铝产业可持续发展能力具有现实意义。

铝及铝合金是当前用途十分广泛的、最经济适用的材料之一。世界铝产量从1956年开始超过铜产量，一直居有色金属之首。当前铝的产量和用量（按吨计算）仅次于钢材，成为人类应用的第二大金属。铝的重量轻和耐腐蚀，是其性能的两大突出特点。

　　1. 铝的密度很小，仅为2.7克/厘米^3，虽然它比较软，但可制成各种铝合金，如硬铝、超硬铝、防锈铝、铸铝等。这些铝合金广泛应用于飞机、汽车、火车、船舶等制造工业。此外，宇宙火箭、航天飞机、人造卫星也使用大量的铝及其铝合金。例如，一架超音速飞机约有70%的制造材料由铝及铝合金构成。船舶建造中也大量使用铝，一般大型客船的用铝量常达几千吨。

铝胚

铝型材

铝箔

回收铝罐

2．铝的导电性仅次于银、铜和金，虽然它的导电率只有铜的2/3，但密度只有铜的1/3，所以输送同量的电，铝线的质量只有铜线的一半。铝表面的氧化膜不仅有耐腐蚀的能力，而且有一定的绝缘性，所以铝在电器制造工业、电线电缆工业和无线电工业中有广泛的用途。

3．铝是热的良导体，它的导热能力比铁大3倍，工业上可用铝制造各种热交换器、散热材料和炊具等。

4．铝有较好的延展性（它的延展性仅次于金和银），在100～150摄氏度时可制成薄于0.01毫米的铝箔。这些铝箔广泛用于包装香烟、糖果等，还可制成铝丝、铝条，并能轧制各种铝制品。

用于外墙和透明屋顶的铝制系统

5. 铝的表面因有致密的氧化物保护膜，不易受到腐蚀，常被用来制造化学反应器、医疗器械、冷冻装置、石油精炼装置、石油和天然气管道等。

6. 铝粉具有银白色光泽（一般金属在粉末状时的颜色多为黑色），常用作涂料，俗称银粉、银漆，以保护铁制品不被腐蚀，而且美观。

7. 铝在氧气中燃烧能放出大量的热和耀眼的光，常用于制造爆炸混合物，如铵铝炸药（由硝酸铵、木炭粉、铝粉、烟黑及其他可燃性有机物混合而成）、燃烧混合物（如用铝热剂做的炸弹和炮弹可用来攻击难以着火的目标或坦克、大炮等）和照明混合物（如含硝酸钡68%、铝粉28%、虫胶4%）。

8. 铝热剂常用来熔炼难熔金属和焊接钢轨等。铝还用作炼钢过程中的脱氧剂。铝粉和石墨、二氧化钛（或其他高熔点金属的氧化物）按一定比率均匀混合后，涂在金属上，经高温煅烧而制成耐高温的金属陶瓷，它在火箭及导弹技术上有重要应用。

9. 铝板对光的反射性能也很好，反射紫外线比银强，铝越纯，其反射能力越好，因此常用来制造高质量的反射镜，如太阳灶反射镜等。

10. 铝具有吸音性能，音响效果也较好，所以广播室、现代化大型建筑室内的天花板等也采用铝。耐低温，铝在温度低时，它的强度反而增加而无脆性，因此它是理想的用于低温装置材料，如冷藏库、冷冻库、南极雪上车辆的生产装置。

11. 铝空气电池，顾名思义就是以铝与空气作为电池材料的一种新型电池。它是一种无污染、长效、稳定可靠的电源，是一款对环境十分友好的电池。电池的结构以及使用的原材料可根据不同实用环境和要求而变动，具有很大的适应性，既能用于陆地，也能用于深海，既可作为动力电池，又能作为寿命长、比能高的信号电池。

"化学面包"
——钒

钒在元素周期表中属VB族，原子序数23，元素符号V，原子量50.9414，常见化合价为+5、+4、+3、+2。钒为银白色金属，熔点很高，常与铌、钽、钨、钼并称为难熔金属，有延展性，质坚硬，无磁性。具有耐盐酸和硫酸的本领，耐气—盐—水腐蚀的性能要比大多数不锈钢好。于空气中不被氧化，可溶于氢氟酸、硝酸和王水。

钒先后被两次发现。第一次是在1801年由墨西哥城的矿物学教授里奥（Andrés Manuel del Rio）发现的。他发现它在亚钒酸盐［$Pb_5(VO_4)_3Cl$］样本中，并把这个样本送到巴黎。然而，法国化学家推断它是一种铬矿石。

第二次发现钒是在1831年，由斯德哥尔摩的瑞典化学家尼尔·加布里埃尔·塞夫斯特伦（Nil Gabriel Selfström）发现。在研究斯马兰矿区的铁矿时，用酸溶解铁，在残渣中发现了钒。因为钒的化合物的颜色五颜六色，十分漂亮，所以就用古希腊神话中一位叫凡娜迪丝"Vanadis"的美丽女神的名字给这种新元素起名叫"Vanadium"。中文按其译音定名为钒。

纯净的钒是由亨利·罗斯科（Henry Roscoe）在曼彻斯特（英格兰西北部城市）于1869年制取，而且他证明了之前的金属样本其实是氮化钒（VN）。

钒

钒

原子量：50.9415
电子排布：2，8，11，2

钒的符号和电子图

钒发现的故事

说起钒的发现，还有一段故事呢。

在1830年时，德国著名的化学家韦勒在分析墨西哥出产的一种铅矿的时候，断定这种铅矿中有一种当时人们还未发现的新元素。但是，在一些因素的干扰下，他没能继续研究下去。

此后不久，瑞典化学家塞夫斯朗姆发现了这一新元素——钒。

韦勒白白地失去了发现新元素的大好机会，感到很失望。于是，他把事情的经过写信告诉了自己的老师——瑞典著名的化学家贝采利乌斯，贝采利乌斯给他回了一封非常巧妙的信。

信上说，在北方极远的地方，住着一位名叫"钒"的女神。一天她正坐在桌子旁边时，门外来了一个人，这个人敲了一下门。但女神没有马上去开门，想让那个人再敲一下。没想到那个敲门的人一看屋里没动静，转身就回去了。看来这个人对他是否被请进去，显得满不在乎。女神感到很奇怪，就走到窗口，看看到底谁是敲门人。她自言自语道：原来是韦勒这个家伙！他空跑一趟是应该的，如果他没有那么不礼貌，他就会被请进来了。

过后不久，又有一个敲门的人来了。由于这个人耐心地敲了很久，女神只好把门打开了。这个人就是塞夫斯朗姆，他终于把"钒"发现了。

自然界中单独的含钒富矿较少，大多为共生和伴生矿。钒矿石主要有钒铁矿石、石煤、钒铀矿、钒酸盐矿、磷灰岩、绿硫钒矿、沥青石、原油和铝土矿。中国钒矿资源主要由钒铁矿石和石煤矿组成。据统计，中国石煤中V_2O_5的储量约1128万吨，占总钒矿资源储量的37.0%，主要分布在贵州、陕西、湖南、江西、河南、湖北、安徽和浙江等地，其中，分布较集中的地区主要是湖南、湖北、浙江和贵州，这四省石煤钒矿资源占全国石煤钒矿保有资源储量（以V_2O_5计）的53.5%。

含钒石煤是中国的一种独特的钒矿资源，由于品位相对较低，对其开采和综合利用还远远不够，但含钒石煤是中国钒矿资源利用的一个重要发展方向。

钒矿冶炼方法的选择关键是由钒在该类矿石中的赋存状态决定的。如果石煤中的钒主要以吸附状态存在，则可用酸或碱溶液直接浸出，使钒以各种钒酸根离子形式溶解在溶液中，也可加入氧化性或还原性物质辅助浸出；如果石煤中的钒主要以类质同相形式存在于硅酸盐矿物晶格中，那么此类矿石难于浸出，要将三价或四价钒浸出来，首先必须破坏晶体结构，使赋存在晶体结构中的钒释放出来。因此，查清矿石中钒的赋存状态（包括钒的各种化合物和矿物存在形式、价态及其分布状态）是钒冶炼至关重要的前提条件。由于中国石煤多属难浸钒矿，因此很多研究者便致力于研究如何用经济而简便的方法释放硅酸盐晶体中的钒。目前，提取钒工艺主要有火法—湿法联用工艺和湿法工艺。火法—湿法联用工艺是目前工业上从石煤中提取钒应用较多的技术，主要有钠化焙烧—水浸工艺、钙化低钠焙烧—碱浸工艺、空白焙烧—碱浸工艺（直接焙烧）和加酸焙烧冰浸工艺等。全湿法提取石煤中钒的工艺目前研究不多，且均围绕酸浸而展开。酸浸方法主要有直接酸浸、加入助浸剂酸浸和加压酸浸3类。生物浸出技术对环境友好、工艺简单，近年来发展比较迅速，已尝试用于从石煤中提取钒。然而，钒对菌种毒害性较大，较少的量即有较大的致死性。因此，采用生物浸出法的关键在于驯化菌种，如菌种驯化成功，生物浸出技术将是一个颇具发展前景的绿色工艺。

如果说钢是"虎"，那么钒就是"翼"，钢加钒则如虎添翼。只需在钢中加入百分之几的钒，就能使钢的弹性、强度大增，钒钢制的穿甲弹，能够射穿40厘米厚的钢板。钒钢的抗磨损和抗爆裂性也极好，既耐高温又抗奇寒，难怪在汽车、航空、铁路、电子技术、国防工业等部门，到处可见到钒的踪迹。此外，钒的氧化物已成为化学工业中最佳催化剂之一，有"化学面包"之称。看来，凡娜迪丝的"儿子"在人间正大受宠爱。

钒的盐类的颜色真是五光十色，有绿的、红的、黑的、黄的，绿的碧如翡翠，黑的犹如浓墨。如二价钒盐常呈紫色，三价钒盐呈绿色，四价钒盐呈浅蓝色，四价钒的碱性衍生物常是棕色或黑色，而五氧化二钒则是红色的。这些色彩缤纷的钒的化合物，被制成鲜艳的颜料：把它们加到玻璃中，制成彩色玻璃，也可以用来制造各种墨水。

钒还是人体正常生长所必需的矿物质之一，其在人体内含量极低，体内总量不足1毫克。主要分布于内脏，尤其是肝、肾、甲状腺等部位，骨组织中含量也较高。人体对钒的正常需要量为100微克/天。

钒铅矿

钒钙铀矿

第五章

煤的发现

在人类历史的长河中，发现和利用火具有划时代的意义。火是人类改造自然、改变自身环境与生活方式、慑服异类、推动人类自身生存与发展的利器。火离不开燃料，煤炭就是人类在长期的用火实践中被发现、认识并发挥重要作用的。煤炭作为主要能源，照亮了人类的文明进程。人类是什么时间发现煤炭的，这可能会是个谜，永远地淹没在漫长的历史长河中，但我们可以从神话传说和考古发现中获得一些线索。

盗火英雄普罗米修斯的化石——太阳石

在西方，有这样的传说：普罗米修斯照着神的模样用土和水揉成了泥，塑造了人，并赋予人类众多的本领，但忘记赋予人类如何取得火种。于是，普罗米修斯升到天上，向象征胜利与荣誉并为人类带来光明与温暖的使者——太阳神，借来了播撒阳光的太阳马车，并点燃了一支火把，将火送到地上来。可是，宙斯不乐意允许人类用火，并收回了火种。于是，普罗米修斯从天府偷出火种，再次取得宝贵的天火。为此，宙斯命令将普罗米修斯牢牢地钉在高加索山顶的峭壁上，并向众神宣称由于他将神火出卖给人类，所以这就是他应有的惩罚。普罗米修斯受尽磨难，与岩石合为一体，每天吸取太阳的光辉，并保存光明和温暖，为人类发光发热。几千年过去了，普罗米修斯最终变成了一块黑亮的化石，这就是传说中的地球的生命之源——太阳石！

在人类历史的长河中，发现和利用火，具有划时代的意义。火是人类改造自然、改变自身环境与生活方式、慑服异类、推动人类自身生存与发展的利器。

盗火英雄普罗米修斯画像

女娲炼石补天浮雕

　　山西平定广泛流传的女娲炼石补天的神话，就与煤的利用有关。相传女娲在平定东浮山上设灶炼石，用煤作燃料。明代学者陆深，根据民间传说和当地群众自古以来用煤烧塔火的习俗（家家置一炉焉，当户，高五六尺许，实以杂石，附以石炭，至夜炼之达旦，火焰焰然，一是之谓补天），认定女娲用煤来炼石补天，并为此写了一篇《浮山遗灶记》碑文。明末清初学者顾炎武在《天下郡国利病书》卷46中，据此进而认定："此即后世烧煤之始。"明代另一学者甄敬在其所撰的《重修人祖庙碑记》中也认为"石火（烧煤）之利，其始于女娲氏乎！"当然，所谓女娲用煤炼石补天，实属传说，但这些流传久远的神话传说，间接说明了中国人民早已发现和利用了煤炭。平定地处盛产煤炭的阳泉矿区，那里的人们很早就发现了煤，并拾取露头煤来烧火则是十分自然可信的。

　　中国用火的历史，已经远超过100万年。在距今180万年前的山西西侯度遗址、170万年前的元谋人遗址、115万年前的蓝田人遗址以及50万年前周口店北京人居住的山洞里，均有用火痕迹留存。其中，周口店北京人山洞内发现了火烧过的石块、兽骨和灰烬。灰烬有的成层、有的成堆。当时不仅已能用火，而且还会保存火种。

人类最初用火与食物有关。由于各种自然原因引起大火过后，古人很容易发现了这样一个现象：遗留在火场上的被烧死的野物，不仅易于咀嚼、食咽，而且味道香美，这一切好处都是火带来的。这一重要发现，启发人们从怕火、不了解火到有目的地利用火，改变了"茹毛饮血"的原始状态。进而又逐渐懂得了用火来御寒、驱逐猛兽、照亮洞穴等。

随着用火的普遍，古人类又发明了敲击燧石、钻木摩擦等人工取火方法。人工取火的发明是人类历史上的又一里程碑。恩格斯在《反杜林论》中说："就世界性的解放作用而言，摩擦生火还是超过了蒸汽机。因为摩擦生火第一次使人支配了一种自然力，从而最终把人同动物分开。"

用火对人类的生存和演化至关重要，对身体机能的进化和技术、文化与社会关系的发展，有着重大的影响。用火煮熟食物改变了人类的摄食方式和营养结构，导致人类在体质上发生重大改变，包括脑量增加、体型增大、臼齿变小、肠胃缩小（人类肠胃的大小仅相当于其他灵长类的62%）、体毛减退、树栖能力消失。同时用火也使人类在智力、行为乃至社会结构上发生重大改变，包括对火的性能认知水平的提高和驾驭技能的改进，个体的耐心（只有食物熟了才可以进食）和群体的协作性、凝聚力与分享习惯的培养；进食时间大大缩短（人类每天用于咀嚼食物的时间少于1小时，而猿要用4~7小时）使得觅食、劳作和闲暇的时间大大延长，活动范围大为扩展；熟食和改善了的营养使婴幼儿可以及早断奶，从而使产妇得以缩短生育周期、增强生育能力，使人口数量增加，也使老年人得以摄取维持生命的必要养分，从而延长了人类的寿命；用火增强了人类对凶猛动物的抵御能力，减少非正常死亡的可能性，使生命变得更有保障。

古人类用火（燧人氏钻木取火、周口店北京猿人用火示意图）

知识卡

咏煤炭

明·于谦

凿开混沌得乌金，
藏蓄阳和意最深。
爝（jué）火燃回春浩浩，
洪炉照破夜沉沉。
鼎彝（yí）元赖生成力，
铁石犹存死后心。
但愿苍生俱饱暖，
不辞辛苦出山林。

火离不开燃料，煤炭就是人类在长期的用火实践中被发现、认识并发挥重要作用的。煤炭作为主要能源，照亮了人类的文明进程。人类是什么时间发现煤炭的，这可能是个谜，永远地淹没在漫长的历史长河中。但可以肯定的是，在煤炭蕴藏丰富且埋藏浅、煤层地面露头较多的地方，人类发现和利用煤炭的可能性大一些。

我们知道煤是可燃烧的，人类利用煤炭最早可能就是直接用作燃料。在中国的新疆、内蒙古、山西、宁夏等地，存在很多煤层自燃形成的"火山""火焰山"的景象，有的煤层自燃现象已经延续超过几百万年的时间。

太阳石是人们对煤炭的称颂，称颂它的朴实无华，没有宝石绚丽的光彩。明代大臣、军事家于谦的《咏煤炭》就是歌颂煤炭的坚韧顽强，承受着大地的高温高压；称颂它的无私奉献，燃烧自己，奉献着光和热。

日月同辉

据考古发掘证明，人类发现并利用煤炭历史悠久。早在新石器时期，人类就已利用精煤制作煤玉环等装饰品。西班牙阿斯图里亚斯发现的最古老的煤精宝石大约制作于公元前17000年。约1万年前，德国的某些地区开始将煤精抛光，用于生产珠宝。

在距今7000年前新石器时期的中国沈阳新乐遗址，就出土了"耳塘饰"和圆珠等抚顺煤精雕刻品，是中国煤雕史上最早的实

7000年前的新乐遗址出土的抚顺煤精制品

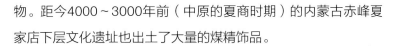

煤精

煤精，又称煤玉，具有明亮的沥青和金属光泽，黑色，致密，韧性大，是一种特殊品种的煤。它和普通煤一样可以燃烧。也称炭精、炭根，还有许多俗称，如"乌玉""墨石""煤根石""墨精石"等。

物。距今4000~3000年前（中原的夏商时期）的内蒙古赤峰夏家店下层文化遗址也出土了大量的煤精饰品。

新石器时期出现的煤雕，在西周奴隶制经济以及矿业发展的基础上形成了完整的独立的工艺，陕西多处古墓发掘出了用煤雕刻成的圆环或玦，用煤雕制品作为陪葬已经是当时较普遍现象。

中国是世界上最早认识和使用煤的能源属性用途的国家。战国时期成书的《山海经·五藏山经》中就已有关于煤的记载，比西方最早的文字记录还要早了近800年。当时称煤为石涅或涅石。

目前，已知中国历史上最早关于采煤的直接记载，是《史记》中关于汉文帝的内弟的"入山作炭"。汉文帝刘恒（公元前202—前157年），在位23年。公元前179年，周勃诛灭吕氏集团后拥立刘恒为帝。刘恒行休养生息政策，轻徭薄赋，兴修水利，节俭克勤，由此社会逐步繁荣，与其子刘启（汉景帝）执政时期合称为"文景之治"。《史记·外戚世家》曾有记载，他的内弟窦广国就曾进山挖过煤。窦广国，是第一位在历史文献中留下姓名的采煤工人。

中国开采煤矿至少始于西汉，当时已经出现以煤冶铁的技术，这被河南巩义市铁生沟冶铁遗址大量炼炉中的煤饼、煤渣、煤块所证实。

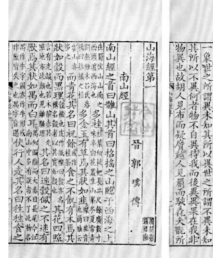

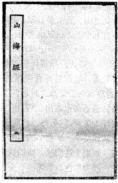

《山海经》

晋代及南北朝时期，中国江西高安等地煤炭得到开发，此事见于《后汉书·郡国志》。《读史方舆纪要》记载："旧志：高安县有石炭岭。"《江西通志》也讲："羊山，在县南四十里，俗名石炭山。"

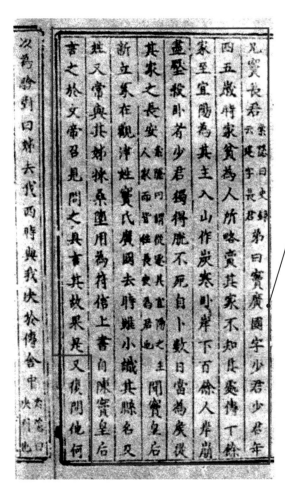

《史记》中关于窦广国"入山作炭"的记载

窦皇后，兄窦长君，弟曰窦广国，字少君。少君年四五岁时，家贫，为人所略卖，其家不知其处。传十余家，至宜阳，为其主入山作炭，寒，卧岸下百余人。岸崩，尽压杀卧者，少君独得脱，不死。自卜数日当为侯，从其家之长安。闻窦皇后新立，家在观津，姓窦氏……上书自陈。窦皇后言之于文帝，召见问之。具言其故，果是。

北魏《水经注》记载新疆的煤炭开采利用规模更为庞大。

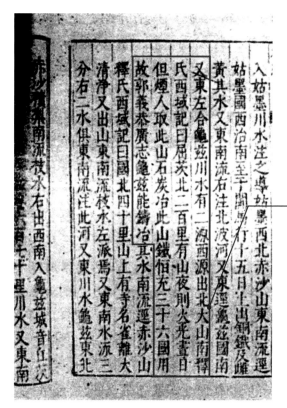

《水经注》中关于新疆石炭的记载

其水一……又东迳龟兹国南，又东，左合龟兹川。水有二源，西源出北大山南。释氏《西域记》曰：屈茨北二百里有山，夜则火光，昼日但烟，人取此山石炭，冶此山铁，恒充三十六国用。故郭义恭《广志》：龟兹能铸冶。

在《水经注》卷十三"漯水"中有关于大同矿区煤层自燃的详细而又明确的记载。由于煤的自燃现象比较普遍，所以那时人们称这一带为火山。而火井正是火山中煤层自燃较旺盛的地方。

右合火山西谿（溪）水，水导源火山，西北流。山上有火井，南北六十七步，广减尺许。源深不见底，炎势上升，常若微雷发响。以草爨之则烟腾火发。

《水经注》中关于大同煤层自燃的记载

一水自枝渠南流，东南出，火山水注之，水发火山东谿（溪），东北流出山。山有石炭，火之热间（同）樵炭也。

最迟到南北朝时期，中国出现了一种特殊的煤饼——香煤饼。记载这一史实的则是中国最早的一首咏煤诗，即南朝人徐陵（字孝穆）《徐孝穆集》的《春情诗》。

风光今旦动，雪色故年残。

薄夜迎新节，当垆却晚寒。

奇香分细雾，石炭捣轻纨。

竹叶裁衣带，梅花奠酒盘。

年芳袖里出，春色黛中安。

欲知迷下蔡，先将过上兰。

　　煤雕工艺在中国汉代至南北朝时期已经进入普遍发展的新时期。煤雕的普遍发展是建立在煤炭开发利用比较普遍、用煤地区更加广泛、人们对煤的认识更加深化的基础之上的。

（a）　　　　　　　　　　　　　　　　（b）

（a）司禾府印（汉代西域屯田官员印，煤精质地，现藏新疆维吾尔自治区博物馆）
（b）独孤信多面体煤精组印（北周大司马独孤信之印，煤精质地，现收藏于陕西历史博物馆）

煤精雕刻的印章

　　西魏独孤信多面体煤精组印，由煤精制成，呈球体8棱26面，其中正方形印面18个，三角形印面8个。有14个正方形印面镌刻印文，分别为"臣信上疏""臣信上章""臣信上表""臣信启事""大司马印""大都督印""刺史之印""柱国之印""独孤信白书""信白笺""信启事""耶敕""令""密"等。印文为楷书阴文，书法道挺拔，有浓厚的魏书意趣。据印文内容及核查史书，此印为北周大司马独孤信之印。十四面印文内容不同，各有其用途，是研究北朝印玺制度的珍贵实物资料。独孤信不仅自身战功赫赫，他的女儿也很有名。他有七个女儿，其中大女儿嫁给了北周的明帝，成为周明敬皇后；七女儿嫁给了隋开国皇帝杨坚，是历史上以嫉妒著称的隋文献皇后；四女儿嫁给了唐代开国皇帝李渊的父亲。因此他做了连续三个朝代的国丈或太上国丈，所以人们戏称他为"中国古代第一老丈人"。

中国大规模开采与普遍使用煤，始于北宋崇宁年间（1102—1106年），据《宋史·食货志》记载："崇宁末，官鬻石炭增卖二十余场。又说河东铁炭最盛。"

元代时，意大利旅行家马可·波罗在中国看到用煤作燃料感到很惊奇。他在游记中说："中国有一种墨石，采自山中，如同脉络，燃烧与薪无异，其火候且较薪为优，盖若夜燃火，次晨不息。其质优良，致使全境不燃他物。"这时中国用煤作燃料已经有1000多年的历史了，而马可·波罗却像对一种新事物一样惊叹不已。

煤炭在魏晋时称煤为石墨，唐宋时期称煤为石炭。早在13世纪末14世纪初，史料中"煤炭"一词已经开始使用。明代李时珍的《本草纲目》也较早地使用过"煤炭"这一名称。至今仍有很多人称为"炭"。

古代是怎样采煤的

中国古代的煤炭科学技术，是我们伟大祖国一份珍贵的历史遗产，是中国古代科技宝库中的一颗明珠，对我们今天的煤炭事业，仍有不少值得借鉴和继承之处。

中国古代煤矿地质方面的主要成就是：①对煤的岩石性能和煤的岩石分类有明确认识，特别是对一部分煤的可雕性能有较深刻的了解。②在明清时期指出了煤是由远古树木经地质变化而成。在勘探找煤方面有较丰富的经验。③对于煤系地层和煤层地质构造、层位以及一些地质现象都有深刻认识。对煤层和煤系中共生的有益矿物有深入了解并加以利用。④接触到了煤炭的分布规律。上述古代丰富的煤炭地质知识为中国近代煤田地质学的产生奠定了坚实的基础。

古籍记载　　　明末宋应星编写的《天工开物》在世界上首次记载了煤炭开采技术。书中记述："凡取煤经历久者，从土面能辨有无之色，然后挖掘，深至五丈许，方始得煤。初见煤端时，毒气灼人，有将巨竹凿去中节，尖锐其末，插入炭中，其毒烟从竹中透上，人从其下施攫拾取者。或一井而下，炭纵横广有，则随其左右阔取。其上支板，以防崩压耳。凡煤炭取空而后，以土填实其井。"文中不但记载了找矿、采矿，而且记述了排除瓦斯和防止坍塌的措施，对采煤已有一套较完整的技术。

《天工开物》记载的采煤技术

中国古代采煤技术大多用掏槽的方法。先以手镐在工作面煤壁下部开一横槽，促使煤层产生裂隙，再用锤楔在上部敲凿，使煤块崩落。特厚煤层不能用全采高同时采出，采用分期开采法，先采出其中一部分，随即充填，待过若干时间，采空部周围岩石的压力使未采煤层移动，密合压实，再行开采。

1. 找煤。中国古代人民很早就利用植物来寻找煤炭了。早在《山海经》一书中就记载了煤与地表植物的关系。书中写道："岷山之首，曰女几之山，其上多石涅，其木多杻橿，其草多菊荣。"这里明确指出石涅与地表草木的关系，指出有煤的地方，地表则多杻橿之木、菊荣之草。这是讲煤炭与地表植物关系的最早记载。

有些地区，含煤地层不生草木，因此有无草木或草木是否茂盛也是一个标志。宋应星讲"凡煤炭不生茂草盛木之乡"，"南方秃山无草木者，下即有煤"。有些地方则山生草木，下边也有煤，因此常常把有煤的山上某种多见植物作为找煤的指示植物，这方面的经验与做法十分丰富。

找煤分为三个步骤：①观察裸露地表的岩石。当时已知道煤层生成和页岩有密切的关系，着重了解页岩的分布情况。②寻找黑苗（即露头）。③进行煤层对比。至迟在明代已有科学的对比方法。根据观察结果，确定煤层在岩系中叠积的次序，并找出可作标志层的岩层，分析判断下伏岩系中煤层变化。明代已深知风化作用会降低煤的经济价值。为了取得优质煤，已不在风化带内挖掘，而是向较深的地层开采。有的立井深达200米以上。

选择井位要考虑地质条件，以"确""竖"为原则，设置在不易坍塌、没有流沙、涌水量小的岩层内。所谓"确""竖"，是要求注意下覆岩层的构造，防止错定井位，砌井也必须牢固。井筒内大都采取加固措施，或用砖砌，或镶嵌较厚的木板。

2．布置井巷。也分为三个步骤：①同时开凿两个井筒和俗称"正窝路"与"风路"的两条主要大巷。②开掘沿煤层倾斜方向的上山或下山以及与运输大巷平行的顺槽。③再开掘俗称"窝路"的斜坡和各种小巷，把煤层分割为若干小块。在斜坡尽头，布置称为"塘"的工作面。工作面之间留置煤柱，并互相串通。

3．采煤。用掏槽的方法。先以手镐在工作面煤壁下部开一横槽，促使煤层产生裂隙，再用锤楔在上部敲凿，使煤块崩落。特厚煤层不能用全采高同时采出，采用分期开采法，先采出其中一部分，随即充填，待过若干时间，采空部周围岩石的压力使未采煤层移动，密合压实，再行开采。

4．支护。巷道高度相差较大，岩巷多为1米左右；煤巷为0.5～2米。巷道内架设梯形支架，一架称为一厢。如果是急倾斜煤层，则用横撑。支架上面或后方，插置背板，支架密度根据顶板硬度确定。

5．通风。用木制风车和荆条编成的风筒。风车结构与传统的扇米风车相似，但体积较大，设于井口。风筒周身涂黄泥，防止漏风，一端延伸到各个工作面，另一端和风车连接。用人力摇车，向井下送风。如果巷道纤曲深远，或由于季节关系风量不足，可增开风眼，使空气畅通。

6．排水。一般用盘车（绞车）提运牛皮袋，每次可提水六七百斤。有的地区用竹制唧筒。如煤层向地下延伸较深，或是立槽煤，则沿斜巷开掘若干坝坎，坎内挖一水仓，用柳罐或唧筒，将水依次上倒并排出。

7．安全。明代已知煤层内有瓦斯，称为"毒气""毒烟"。排引方法是用巨竹，凿通中节，插入煤层上部，利用瓦斯比重轻于空气，集中于煤层上部的规律，通过竹筒引导排出。

古代煤矿遗址

至宋代，中国煤炭开采技术更为成熟与完善。1959年9月至11月，鹤壁市中新煤矿在掘进中遇到了古煤井巷。经河南省文化局考古工作队1960年1月深入了解，发现了宋元时期的古煤矿遗址一处，其中包括一个井筒、四条较大的巷道、一口排水用的积水井、十个"采煤区"（工作面），以及提升、排水、运煤、照明等生产工具和许多生活用具。这是到目前为止所发现的最早的较完整的一处古代煤矿遗址，其发掘资料为我们研究宋代采煤技术提供了确凿而宝贵的证据。

根据《河南鹤壁市古煤矿遗址调查简报》，该煤矿当时的采煤技术情况可归纳如下：

1. 井筒开凿。井筒为"圆形竖井，直径为2.5米，井筒深46米左右"。井筒位于几个采煤区的中间偏北一点，直接开凿到煤层中间，其井底巷道上下"皆为厚6米的自然煤层"，不仅选择得合理（井田中央），也很准确，可见当时煤田地质知识已较成熟。另外，开凿46米深的井筒，而且直径2.5米，可见开凿技术及工具比较先进。

2. 巷道布置。巷道有两种，一种是断面较大的主要巷道，即在井底南北两面所开凿的"相连的巷道"。主要巷道只发现一部分残段，"顶高2.1米，宽2米"。另一种是通向各个采煤工作面的巷道，较大（长）的有4条，"全长约500米"，"通向八个古采煤区（采煤工作面）"。巷道一般高1米多，由于巷道形状是上窄下宽（下宽1.4米，上宽1米），顶板压力不大，没有顶柱支撑。

3. 采煤工作面。采煤区（工作面）共10处，分布在井口的四周。最远者距井口约100米，最近10米左右。各工作面之间都留有一定的间隔，当为保留的煤柱，这是很可贵的。

各工作面以狭长的椭圆形及瓢、瓶形为多。如1号工作面为长瓶形，3号工作面为小口袋状。其采空面积最大者为位于井口东南的7号工作面，东西深50米，南北宽30米。由于工作面之间留有煤柱，几百年后仍未完全塌落。

4．照明。采用固定式照明。在巷道两壁开凿了许多扁圆和近似长方形的灯龛，共100余个。一般高10～17厘米、长13～28厘米、深10～21厘米，为放灯之处。灯为瓷碗及盘，同时还有贮油的瓷瓶、瓷罐等。有的灯龛根据需要设在巷道的两壁，有的放在巷道的分岔处。

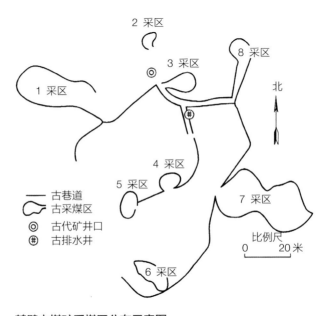

鹤壁古煤矿采煤区分布示意图

5．运输排水。在井下发现了许多条筐，还有扁担和一架辘轳。先把煤挑到井筒底部附近，然后用辘轳提升到井上。此外，还发现一口"排水井"，位于井筒东南20余米处，"其形状近似圆形，直径1米，深5米，其中尚有2米深的积水"。说明当时已掌握了集中排水法，即先将矿井的水引入位于低洼处的积水井中，然后用辘轳排到井外。

此外，从这一煤井有10个工作面来分析，包括采、掘、运输、提升工人及其他辅助性工人在内，全矿工人人数当在百人左右，也需要有完整的管理办法、劳动组织分工。在井下发现有一方长方形石砚，似为在井下记账和记工之用。此外还发现有大型的壁龛，长宽大致可以容身，当是矿工休息的地方。

综上所述，河南鹤壁古煤矿的生产技术已经比较完善和成熟，这是中国古代人民煤炭生产经验的结晶，是中国煤炭开采技术至宋代发展到新阶段的标志。

关于煤的历史故事

据明《永乐大典》记载，元太祖成吉思汗领兵南下攻打西夏国（其国都在今宁夏银川东南）时，在行宫接受了海云禅师的拜见。两人相见甚欢，元太祖一高兴亲口令其"居燕之庆寿寺，赐以固安、新城、武清之地，房山栗园、煤坑之利"。大意是"小长老啊，朕很高兴接见你，你来我燕京赐你庆寿寺住，赐你田产，还赐你一个矿产，高不高兴？"果然元太祖的承诺打动了海云禅师。不久，海云禅师离开西夏来到燕京（今北京），被封为"国师"，后来担任庆寿寺住持。这是中国历史上第一次由皇帝亲口下令将"煤坑"（即煤窑）赐给寺院。

明朝时期北京西山戒台寺所处的马鞍山一带煤藏十分丰富。明成化年间（1465—1487年）开办了不少民窑，也有一些军政官员和地方权势人物招募工人在此开窑挖煤谋利。天长日久越挖越深，深入到寺院下面，造成了寺院一些地方出现塌陷，方丈将官司打到皇帝那里。明宪宗朱见深得知此事，明令"煤窑不许似前挖掘，敢有不尊朕命，故意扰害沮坏其教者，悉如法罪之，不宥"。明成化十五年（1479年），朝廷还将谕旨刻碑立于该寺天王殿前。至今500多年，碑刻仍完好地伫立在原地。这是中国历史上第一块用皇帝名义镌刻的和煤炭相关的"谕禁碑"。

清朝入关后十任皇帝中，多半都曾动手又动口地处理过煤炭问题。康熙二十四年（1685年），康熙帝巡视西山留住戒台寺时，发现寺周诸山产煤，土著山民挖矿采煤，对戒台寺危害极大，以至于庙宇损坏，禅林危机，于是降下圣谕并立碑为戒，令戒台寺周围，禁止凿山采石。这块碑也被后人誉为"名山之护符，禅门之宝诰。"乾隆皇帝爱新觉罗·弘历在位六十载，留下大量批示，涉及煤炭内容的多达数十件。他甚至把大学士赵国麟的《请开煤窑疏》全文批转各省督抚"酌量情形，详议具奏"。这一举措也是中国历史上第一次由皇帝亲自下令解除煤禁，要求各省普遍勘查煤藏，详议开采办法向朝廷奏报，大大推动了煤炭业的发展。

海云禅师坐姿石雕像
海云禅师（1202—1257年），名印简，山西岚县人，他7岁出家，8岁剃度，13岁的时候跟随师傅外出到凤州的广济寺，就可以为四众升座说法，一时传为奇闻，当时金宣宗慕其名声，特遣使赐他"通玄广惠大师"的称号，成为山西著名高僧。

第六章

现代找煤方法

相比较于其他地质资源，地球中煤炭资源的储藏量较为丰富，分布范围较为广泛。但是到底什么地方有煤？有多少煤？又是以什么形态赋存的？这些都是煤田地质工作者必须要回答的问题，他们为此研发了各种找煤方法。

煤田地质勘探

有这么一群人，每天晨光初现之时，他们便头顶草帽、肩挎地质包、快步走进大山深处，开始一天的工作，他们就是地质工作者。野外地质工作是一个艰辛而又复杂的过程，地质队员们往往需要借助许多"特殊工具"开展工作。这些工具就藏于地质队员们的神奇背包中。

地质背包与野外地质工作"老三件"

地质人员工作场景示意图

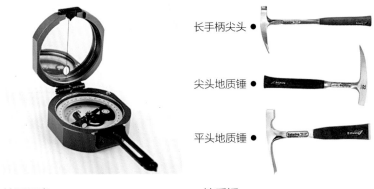

长手柄尖头 ●

尖头地质锤 ●

平头地质锤 ●

地质罗盘　　　　　　　　　　　　地质锤

折叠

地质放大镜

地质工作
"三大件"

传统野外地质工作"三大件"——地质锤、地质罗盘、放大镜

首先，是不可离身的"第三只手"——地质锤。地质锤用于敲碎岩石获取岩石样品。一把做工精良的地质锤，能帮助使用者高效获得良好的样品，降低野外工作的体力消耗。现代的地质锤，根据不同的需要，种类和型号十分多样。比如，鸭舌锤适合岩石手标本和化石的采集，尖头锤则适合采集用于地球化学分析的岩石样品。这两种地质锤重量不大，可单手挥动，携带也最为方便。但在坚硬岩石的面前，或者采集大块样品的时候，就需要使用小棒槌甚至八磅重的大锤了。

其次，是用于准确定位的地质罗盘。在人烟稀少的野外，指明方向的工具也是地质考察所必需的，这里就需要用到中国四大发明之一的罗盘。而现代的地质罗盘不仅是个指南针，还可以用来测量岩层及其他地质体在三维空间中的朝向和角度等重要科学数据。结合地形图，地质罗盘还可以确定出使用者所在的准确位置。因此，地质罗盘也是野外科考中不可或缺的强大工具。尽管电子产品的风起云涌正逐渐取代着传统机械罗盘的地位，机械罗盘的使用仍然是当代地质工作者的必备技能。在野外原始的自然条件下，许多电子设备往往派不上用场，这时候传统的机械罗盘就成了他们最可信赖的伙伴了。

再次，是用于鉴定结构的放大镜。通常来讲，即使是富有经验的地质工作者，也不能单凭肉眼推断出岩石的微细结构。一只小巧的放大镜尽管不如显微镜强大，但仍然可以用来鉴定岩石的矿物组成和结构。地质放大镜并不是人们常见的柄式放大镜，它的凸透镜片只有一元硬币般大小，嵌在钢铁框架中，十分结实，丝毫不用担心摔坏。高级的地质放大镜倍数可达40~60倍，并且可配备辅助光源，以适用于阴暗的光照条件。

日新月异的新"助手"——电子设备

电子产品的发展日新月异，给人们日常生活带来了很大的便利，同时也正改变着野外科考的方式。手持GPS（全球定位系统）、北斗导航仪自带导航地图，可精确地测量位置、海拔、路线和面积等各种参数。专业的地质填图用手持GPS、北斗导航仪可安装地形图，野外科考过程中可将地质信息标定在地形图上，回到室内后可以很方便地导出相应地质图件。

开展野外作业时，多人的分组考察会经常用到对讲机。与需要基站信号的手机相比，对讲机在渺无人烟的地区具有绝对性的优势。通过中继台转发，一些对讲机的通话距离可达到100千米。使用集GPS、北斗导航仪和对讲机于一体的新型手持仪，还可实时找到队友的当前位置。

尽管大部分野外工作者还是习惯使用纸质的记录本，但平板电脑作为记录工具已经逐步推广。平板电脑的笔记修改和整理功能十分方便灵活，强大的手写和绘图功能令其丝毫不比纸质记录本逊色，配合具有无限拓展功能的软件，让原始的记录工作跟上了时代的步伐。

此外，手机也正逐渐成为野外地质科考的新型利器。一部高端的智能手机不再只是通信设备，其通常内置有GPS、北斗导航系统、地磁和重力感应等功能，配合多样的软件可实现各种用途，成为整合电子罗盘、GPS导航仪、北斗导航系统、照相机、记录本等于一体的强大设备。其中，安装有电子罗盘软件的手机甚至可以测量岩层的产状，比机械罗盘更准确、快捷。

最后，野外地质工作实至名归的"神器"，当属一些手持的现代分析仪器了。举例来说，岩石的元素组成通常只能通过实验室内大型的仪器进行测定，但手持XRF仪（X射线荧光光谱分析仪）可在野外便携使用，极大地方便了岩石的鉴定和样品的采集。

知识卡

卫星导航系统

卫星导航系统是覆盖全球的自主地理空间定位的卫星系统，可以用来向相关接收设备提供授时、定位、导航、测速等数据信息或服务。

目前全球投入运用或在建的主要卫星导航系统有四个，分别是美国的全球定位系统（GPS）、俄罗斯的格洛纳斯系统（GLONASS）、欧洲的伽利略卫星导航定位系统（GALILEO）以及中国的北斗卫星导航系统（BDS）。

野外的帐篷

对于一般人群来讲，帐篷是属于阳光海滩、芬芳草原、篝火烧烤的一个物品，是享受温馨浪漫的代表。但是对于从事地质行业的人来讲，帐篷则显得意味深长。帐篷，屹立在草原上、雪山旁、风雨中、天地间，是战斗在大自然前线的地质队员避风遮雨的移动旅店和深入现场的工作室，野外营地帐篷对地质人有着非常特殊的意义。

地质工作者们长年从事野外工作，环境恶劣，条件艰苦，工作上互相协作，生活上同甘共苦，一个锅里吃饭，一顶帐篷里休息，这些造就了他们吃苦耐劳、团结协作的品格。野外的帐篷，是实验室，是办公室，是卧室，也是家。帐篷寄托着地质队员的找矿梦想和孤独乡愁。

野外的地质帐篷和地质工作人员

随着技术的进步，现在钻探井场已经具备了通路、通水、通电、通网的条件，现代化的移动式整体仪器房、野营房、会议室等已经普遍使用，装备了空调器、电暖气，生活、工作条件得到了极大的改善。

野营房及仪器房

怎样找到一个煤田

在一定地区内，含煤沉积只发生于一定的地质时代，在区域地层层序中含煤地层占有特定的层位，通过含煤地层在时间上和空间上分布规律的研究，可指出普查找煤的方向，在选择普查区进行找煤工作过程中把含煤地层作为找煤的主要地质依据。

地层研究找煤：根据含煤地层区域性分布的规律、区域地层层序规律、含煤地层内主要含煤层位的迁移规律找煤。

岩性岩相找煤：根据岩性岩相组合关系、沉积体系与演化找煤等。

地质构造规律找煤：根据聚煤盆地类型及聚煤特征关系、含煤岩系的后期构造变形特征找煤。

根据地貌形态找煤：由于含煤地层主要是砂、泥质沉积岩组成，抗风化剥蚀能力差，多形成负向地貌；而含煤岩系下伏地层则一般抗风化剥蚀能力强，从而形成隆起的正向地貌。此外，赋煤向斜往往又与地区的地质构造或继承性沉降有关，常表现出盆形地貌（多被新地层覆盖），含煤岩系的分布大体与盆地范围相一致。上述这些地貌特征，有利于寻找新的煤田。

煤田深埋于地下，需经过系统的煤田地质勘查，才能查明开

🔥 **知识卡**

找煤标志

凡是能够直接或间接地指示可能有煤层存在的一切现象或线索都叫作找煤标志，在暴露区和半暴露区，依据找煤标志可以迅速找到煤层或借以追溯煤层。各类找煤标志的作用是不同的：直接找煤标志能够直接显示煤层的存在（如煤层露头、老窑遗迹等）；间接找煤标志可间接指示可能有煤层存在（如煤层顶底板围岩特殊的岩性及其风化特征、地形地貌等）。在找煤工作中，找煤标志能够起着"向导"作用，认真判别，分析研究，运用好找煤标志可以帮助我们有效而迅速发现煤层存在，意义重大。

发所需地质依据。煤炭地质勘查工作可分为普查、详查、勘探3个阶段。

普查阶段。需要初步查明煤炭赋存地质条件，大致了解开采技术条件，估算各可采煤层推断的资源量。任务是对工作区煤炭资源是否有进一步勘查的价值作出评价，并圈出详查范围，为详查工作提供地质依据。

详查阶段。需要基本查明煤炭赋存地质条件与开采技术条件，估算各可采煤层控制的、推断的资源量。任务是为编制矿区总体规划和下一步的勘探工作提供地质依据。

勘探阶段。需要详细查明煤炭赋存地质条件与开采技术条件，估算各可采煤层探明的、控制的、推断的资源量。任务是为矿井建设可行性研究和初步设计提供地质依据。

应根据地形、地质及物性条件，合理选择和使用地质填图、物探、钻探、抽水试验、采样测试等勘查手段。凡裸露和半裸露地区，均应在少量的槽探、井探、浅钻及必要的地面物探方法、遥感手段的配合下进行地质填图。

凡地形、地质和物性条件适宜的地区，应以地面物探（主要是地震，也包括其他有效的地面物探方法）结合钻探为主要手段，配合地质填图、测井、采样测试及其他手段，进行各阶段的地质工作。

『一孔之见』
钻探

钻探技术是煤炭资源勘查的关键技术，钻探能够完整采集岩芯样、煤芯样，直观了解岩层和煤层及构造的发育与演化，是不能替代的勘查手段。在煤炭地质钻探勘查过程中，对勘查阶段划分、勘查工程布置、勘查工程密度、勘查施工及地质勘查的控制程度等需要进行研究。

煤炭资源综合勘查方法的核心，是根据各勘查阶段的目标任务，从勘查区的地貌、地质和地球物理条件出发，针对煤系赋存特点，遵循经济可行性和适用性原则，选择各类勘查技术手段，如"地质填图—钻探—测井—样品测试"或"地质填图—地震—钻探—测井—样品测试"等最佳技术手段组合和工程布置方案。无论何种组合，物探手段仅是对勘探区构造轮廓大致控制，钻探工作是主要的技术手段。地下究竟有没有煤、煤层的状态、煤的质量等，还得靠钻孔"一锤定音"。

🔥 文化角

钻探声韵

孔庆虎

天对地，云对风。守家对出征，江南对塞北，平地对高峰。旗飘飘，机隆隆，开钻对收工。鄂盆油气盛，晋省石涅丰。三班轮倒不停钻，一排立塔通宵明。一心为国，宁无周休月假；四季转战，哪惧酷暑寒冬。

毡对席，帐对楼。转盘对大钩。泥浆对铁罐，天车对地沟。捞岩粉，换钻头，小憩对大修。壮男拆装快，白叟修理熟。朔望间千米进尺，分寸里百万春秋。塔尖高耸，望见山川草木；钻杆深垂，探得岩水煤油。

百台钻机会战锡林郭勒草原白音华煤田

以往大规模煤田勘查施工，能够见到一排排高耸的钻塔。黑夜来临，放眼望去，一个个钻机整齐排列着，钻场灯火通明，轰鸣的钻机，上下穿梭的钻杆，更加热烈地展现着钻探施工的火热场面。

钻探设备　　钻探设备就是指用于钻探施工这种特定工况的机械装置和设备，主要由钻机、泥浆泵及泥浆净化设备、泥浆搅拌机、钻塔等组成。钻探设备根据其应用领域不同而种类繁多，小到可以手持、质量仅十余千克的薄壁钻机（用于墙上打孔安装管道如上下水管道、空调管道等），大到需要整列火车装载重达上千吨的超深孔钻机（如900米电动石油钻机），当然，根据其用途的不同，钻探设备的结构也自然由极简单到极复杂。最简单的可能仅仅就是一个单速的回转器或冲击机构，复杂的如海洋科学钻探船，几乎将现代科学技术完全包容，但就我们最常见的岩芯钻机、水文水井钻机、工程钻机、石油钻机等来说，基本都是机电一体化的产物。

167

钻探岩芯

知识卡

世界最深钻井

超深井施工是世界级难题。世界上最深的钻井就是位于俄罗斯库页岛上的Odoptu OP-11油井，其深度达到了12345米，是在2011年的时候所建造，成功超越了2008年美国在卡塔尔创下的阿肖辛油井12289米的纪录。

目前中国最深的钻井是位于四川盆地的双鱼001-H6井，钻井深度达9010米，创造中国陆上最深气井纪录。另有新疆塔里木盆地塔深1井深度8408米、顺北油气田顺北鹰1井深度8588米，均为超深井。

中国超深井钻探

定向钻探技术

随着定向钻探技术的发展和应用，复杂地质地形条件下可以实现定向钻探或水平钻探。

定向钻探是利用钻孔自然弯曲规律或采用人工造斜工具使钻孔产生一定弯曲，迫使钻孔的轴线按设计轨迹延伸的一种钻探方法，也称造斜。这种技术起始于20世纪30年代，应用在石油及天然气钻井工程。随着科技水平的进步，微型计算机和导航技术的引用，小口径孔底动力机（螺杆钻）、随钻测量系统等已达到实用的程度，地表设备配套已经完善，现已达到全方位"受控"定向钻探的高水平，特别是世界范围内侧向水平钻进很风行，也表明定向钻探技术已进入高级阶段。高级的主要标志是中靶精度高、可靠。

由于微机的应用，使定向孔的设计与数据处理既直观又快速，随钻、随测、随调，并可对多种方案快速加以对比，随时选出最优的参数以控制钻孔的顶角和方位角，如此连续优化造斜，能获得钻孔轴线轨迹非常光滑的高质量钻孔，显著地提高了经济效益。

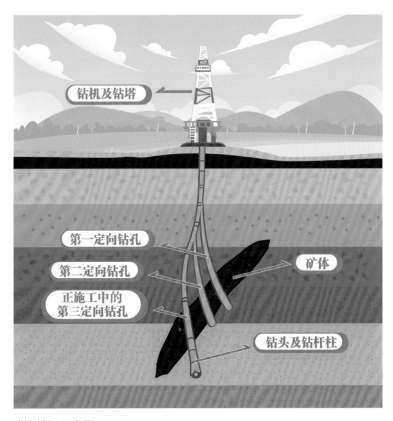

定向钻探示意图

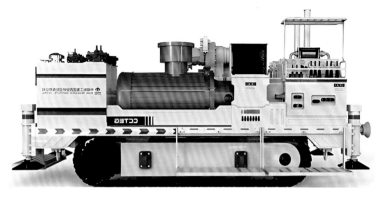

ZDY-12000LD定向钻机

中国煤炭科工集团最新研发出ZDY-12000LD型大扭矩定向钻机，具有碎岩动力强、转速高、钻进效率高等优势。在保德煤矿完成主孔深度3353米的沿煤层定向钻孔，创造了世界纪录。

给煤田做『CT』
——煤田地球物理勘探

目前医院里十分普及的"CT"技术，是"Computerized Tomography"的缩写，即"计算机断层扫描术"。CT诊断是用X射线扫描人体来获得大量的数据，通过计算机复杂且大量的运算，把X射线形成的影像绘制在一张"剖面"上，让肉眼能够识别活体切面上的细微结构以及变异情况。

与人体相同，地球在可见光下同样是不透明的"黑物体"。中国有"穿山镜"的传说，希望能够窥视地球内部的结构。从给人体做CT的科技获得启示，类似CT技术也可以窥视地球的内部结构。但地球与人体不同。人体小，在通常的CT仪器中均可以进行各方向的三维立体扫描，而对地球的扫描只能在地表进行，属平面的二维扫描。所以，给地球做CT更加困难，更需要"黑科技"。基于CT技术相似的原理与思路，把X射线这一电磁波换成由物体振动而产生的弹性波（如声波），并基于更强大的计算机计算技术，1975年出现了"斜向地震反射偏移剖面计算机成像技术"，奠定了地震层析成像的基础，能够通过地震勘探的方法，绘制出地下斜向地层的结构，用于寻找地下矿藏。

基于煤层同上下岩系间的物性差异，用测量物理量的方法研

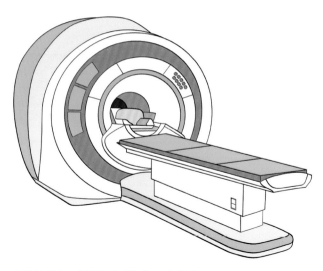

人体计算机X线断层扫描（CT）设备

究地质构造、岩层性质、沉积环境以寻找煤炭资源或解决有关地质问题的地球物理勘探方法，简称煤田物探。地球物理勘探方法类似于医院的CT和B超成像技术。对地球科技工作者而言，他们的工作对象不是病人，而是地球。

煤田地质构造类型复杂，表层条件各异（山区、平原、水下、沙漠、戈壁），物性条件多变，勘探深度变化大，能从数米到1500多米。地质勘探的主要任务是为矿井设计提供可靠的地质资料，其成果要满足选择井筒、水平运输巷、总回风巷的位置和划分初期采区的需要，保证井田境界和矿井井型不致因地质情况而发生重大变化，保证不因煤质资料而影响煤的既定工业用途。对于采用现代综合机械化采煤设备的矿区，还应查明落差或起伏仅十余米、数米或更小的断层、褶皱，使开采计划切实可行，不致因小构造不清影响煤炭产量。

因此，煤田物探工作的特点是：精度要求高；使用的地球物理勘探方法种类较多；与钻探配合密切；需要解决的地质问题多，而且常常难度也较大；对浅层数米和深达1500多米的勘探对象都要求有高的分辨率。

常用的煤田物探方法有重力勘探、磁法勘探、电法勘探、地震勘探、地球物理测井等，其中以地震法、电法和测井应用得十分广泛。

重力勘探

地壳中不同密度的岩体分布导致地球引力场的局部和区域变化。具有异常高的布格重力值（正异常）的区域可以指示相对致密的岩石，例如结晶基底。布格重力值低（负异常）与密度较低的物质有关，例如厚层沉积层。异常的大小和形式与特征的形状、方向和深度以及所涉及的不同岩石类型之间的密度差异有关。

通过观测不同岩石引起的重力差异来了解地下地层的岩性和起伏状态的方法，称为重力勘探。使用重力仪进行重力测量，在间距可能从1米到20千米不等的站点读取读数。通常根据所寻找的异常体的假定深度和大小来选择站点间隔。重力测量的结果通常得到附加地质数据的支持，例如岩石样品的密度测定和现场测绘结果。

重力勘探主要用于了解基底起伏、划分区域构造，进而圈定含煤盆地，为进一步的煤田普查提供依据。在有利条件下，重力勘探还用于了解覆盖层下煤系的分布范围、研究小断层、确定岩溶发育带等。

金属弹簧重力仪

重力的发现历史

人类早就知物体有"向下掉落"的特点，但不知其中的奥妙。虽然有些科学史专家，对牛顿看到苹果落地从而想到万有引力的说法，不以为然。但这个故事仍为人所津津乐道，能从习以为常的现象中发现它所包含的真理，确实使人感到知识的乐趣。

古希腊亚里士多德发现了运动物体的下落时间与其重量成比例。

第一个研究和测定重力加速度的是17世纪意大利物理学家伽利略（G. Galileo）。1590年，他在比萨斜塔做"两个铁球同时落地"的实验过程中，发现物体坠落的路径与它经历的时间的平方成正比，而与物体自身的重量无关，他粗略地求出地球重力加速度为9.8米/秒^2。以后，比较准确地测定重力加速度的方法是利用摆仪。荷兰物理学家惠更斯提出了数学摆和物理摆的理论，并研制出第一架摆钟。此后的200多年间，测定重力的唯一工具就是摆钟。

法国天文学家里歇于1672年在利用摆钟从巴黎到南美进行天文观测时发现重力加速度在各地并非恒值。牛顿（I. Newton，1642—1727）和惠更斯指出这种现象与他们认为地球是旋转的扁球体的推论相符，在理论上阐明了地球重力场变化的基本规律。

1687年，牛顿根据开普勒行星运动定律推导出万有引力定律，这一定律是重力学最重要的基本定律。1735—1745年，法国科学院在北欧的拉普兰和南美洲的秘鲁考察，布盖（P. Bouguer）建立了许多基本的引力关系，包括重力随高度和纬度的变化规律，并计算出水平引力及地球的密度等。

19世纪末叶，匈牙利物理学家厄缶（Baron Roland von Eötvös）研制成适用于野外作业的扭秤，在匈牙利进行了持续的扭秤观测，结果表明扭秤可以反映地下区域的密度变化。在应用地球物理方法勘探石油之初就是使用扭秤。使重力测量有可能用于地质勘探。1934年，拉科斯特研制出了高精度的金属弹簧重力仪，沃登研制了石英弹簧重力仪，这类仪器的测量精度约达0.05～0.2毫伽；一个测点的平均观测时间已缩短到10～30分钟，到1939年，这类重力仪完全取代了扭秤。在20世纪30年代，由于重力仪的研制成功，重力勘探获得了广泛应用，并且发展了海洋、航空和井中重力测量。

磁法勘探

磁法勘探是通过观测和分析由岩石、矿石（或其他探测对象）磁性差异所引起的磁异常，进而研究地质构造和矿产资源（或其他探测对象）的分布规律的一种地球物理勘探方法。测量地磁异常以确定含磁性矿物的地质体及其他探测对象存在的空间位置和几何形状，可以对工作地区的地质构造、有用矿产分布及其他情况作出推断。

磁法勘探是物探方法中最古老的一种。17世纪中叶，瑞典人利用磁罗盘直接找磁铁矿。1879年，塔伦（R. Thaln）制造了简单的磁力仪，磁法才正式用于生产。1915年，施密特（A. Schmidt）发明了石英刃口磁力仪，磁法开始大规模用于找矿，以及在小面积上研究地质构造。磁法勘探不仅可以找磁铁矿，还可以研究地质构造、圈定岩体以及寻找与油田有关的岩丘。第二次世界大战后，苏联罗加乔夫研制成功感应式航空磁力仪，其后航空磁法推广使用，人们可以快速而经济地测出大面积的磁场分布。磁法开始用于研究大地构造，并解决地质填图中的一些问题。20世纪五六十年代，苏联和美国将质子磁力仪移装到船上，开展海洋磁测，其结果是在海洋磁测和古地磁研究成果支持下：①复活了大陆漂移学说，发展了海底扩张和板块构造学说；②推动了地学理论的大变革、大发展。20世纪80年代开始，高精度磁测应用于油气勘探、煤田勘探、工程勘探、军事等。

🔥 知识卡

地磁异常

磁性岩体及矿体产生的磁场叠加在地球磁场之上，引起地磁场的畸变。这种畸变一般称为地磁异常。

在造岩矿物中，只有磁铁矿、钛磁铁矿、磁黄铁矿和磁赤铁矿等少数矿物具有强磁性。因此，岩石及矿石的磁性强弱，主要决定于上述矿物的含量及分布情况。

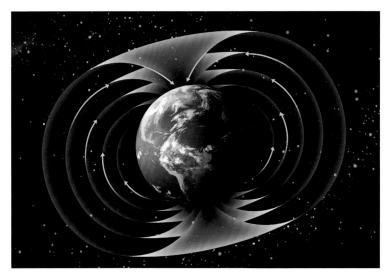

地球磁场

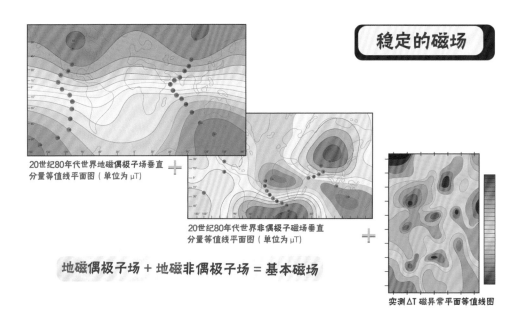

20世纪80年代世界地磁偶极子场垂直
分量等值线平面图（单位为μT）

20世纪80年代世界非偶极子磁场垂直
分量等值线平面图（单位为μT）

实测ΔT磁异常平面等值线图

稳定的磁场

地磁偶极子场 + 地磁非偶极子场 = 基本磁场

基本磁场示意图

　　在煤田勘探中，磁法勘探的特殊作用是可以有效地圈定煤层
自燃区的范围，磁法同自然电场法配合还可以判断煤层火区的性
质（煤层火区的燃烧带或熄灭带等）。

电法勘探

电法勘探（electrical prospecting）根据地壳中各类岩石或矿体的电磁学性质（如导电性、导磁性、介电性）和电化学特性的差异，通过对人工或天然电场、电磁场或电化学场的空间分布规律和时间特性的观测和研究，寻找不同类型有用矿床和查明地质构造及解决地质问题的地球物理勘探方法。

常用的方法有直流电测深法、电测剖面法、电磁频率测深法、激发极化法、充电法和自然电场法等。由于煤系同古地层间往往有明显的电性差异，所以常采用电测深法、电磁频率测深法寻找含煤区，圈定煤系的赋存范围，追索煤层或煤组的分布，划分不同岩段，研究断层。充电法可用于探测废矿井的位置、边界。自然电场法用于追索薄覆盖层下的无烟煤露头和煤层的燃烧带。各种电法还广泛用于解决矿区的水源、水文地质和工程地质问题，如确定古河床位置，寻找和圈定含水层的范围和岩溶发育带，测定地下水流向、流速等。近年来，还研究应用钻孔间和矿井内的无线电波透视法，了解两个钻孔间的岩溶发育情况及其空间位置，探测矿井内的小断层、煤层冲刷带、煤层内夹石的变化和陷落柱等。

第六章　现代找煤方法

瞬变电磁仪

177

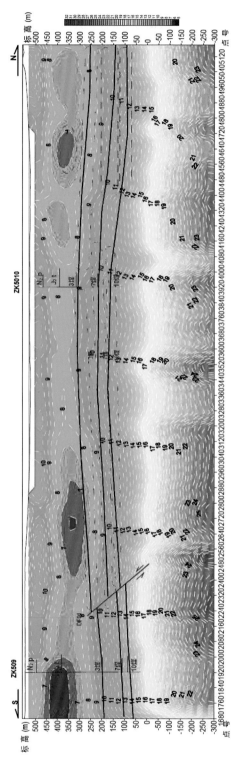

视电阻率剖面成果图

地震勘探

地震勘探原理

利用地下介质弹性和密度的差异，通过观测和分析大地对人工激发地震波的响应，推断地下岩层的性质和形态的地球物理勘探方法叫作地震勘探。

地震反射的原理是由爆炸或其他冲击源产生的声学信号或地震波在选定的点被引入地面，该信号通过地面辐射。信号传播的速度取决于遇到的岩石类型。在坚硬、致密的石灰岩中，典型速度为5.5千米/秒，大多数硬煤的速度范围为 1.8～2.8千米/秒。地震波的速度是其通过的岩性的函数，当波到达标志着岩性变化的边界时，产生反射射线和折射射线。这种反射由接收器或地震检波器检测到，它们会产生一个记录下来的电信号。在生成信号的那一刻，它也会被记录下来，并记录信号到达反射点所用的时间和返回所用的时间，称为双向走时（TWT），可以确定反射点的深度，前提是遍历的岩性的速度是已知的。

进行地震勘测时，煤及其周围地层的声阻抗是一个有用的物理参数，它被定义为它的密度和地震速度的乘积。与通常在含煤层序中遇到的其他沉积岩相比，煤的密度和其中地震波的传播速度要低得多；煤和沉积物之间的声阻抗对比可能在 35%～50% 之间。这会产生很大的反射系数（Hughes 和 Kennett，1983）。由于计算机功能的增强，煤层中越来越小的扰动可以被识别，并能够进行交互式处理数据。通过使用地震反射技术识别断层、褶皱、冲刷、煤层裂隙和厚度变化的能力是一种有效的方法，可以查明潜在地质灾害，指导矿山规划和设计。

地震勘探在煤田的应用

中国聚煤盆地类型多样，构造十分复杂，煤田地质工作的难度很大。而机械化采煤对地质报告精度的要求却日益提高，以往供建井设计的地质报告只能查明初期采区内落差大于30米的断层，精度远远不能满足建井设计及开采的要求。

由于煤层同顶底板岩层的物性有明显的差异，煤层界面的反射系数远大于一般岩层，可达0.3～0.5。因此，具有一定厚度的煤层或煤层组往往形成能量强、稳定、连续的标准反射波，对追踪煤层、反映构造特点均有利。地震勘探具有较高的精度，所以常用于煤田的勘探阶段。

在地表以人工方法激发地震波，在向地下传播时，遇有介质性质不同的岩层分界面，地震波将发生反射与折射，在地表或井中用检波器接收这种地震波。收到的地震波信号与震源特性、检波点的位置、地震波经过的地下岩层的性质和结构有关。通过对地震波记录进行处理和解释，可以推断地下岩层的性质和形态。地震勘探在分层的详细程度和勘查的精度上，都优于其他地球物理勘探方法。地震勘探的深度一般从数十米到数十千米。地震勘探的难题是分辨率的提高，高分辨率有助于对地下精细的构造研究，从而更详细了解地层的构造与分布。

近年来兴起的三维地震勘探是一项集物理学、数学、计算机学于一体的综合性应用技术，其应用目的是使地下目标的图像更加清晰、位置预测更加可靠。与二维地震勘探相比，三维地震勘探不仅能获得一张张地震剖面图，还能获得一个三维空间上的数据体。三维数据体的信息点的密度可达5米×5米（即在5米×5米的面积内便采集一个数据），而二维测线信息点的密度可达为250米×5米。由于三维地震勘探获得信息量丰富，地震剖面分辨率高，地下的煤层、古河流、古湖泊、古高山、古喀斯特地貌、断层等均可直接或间接反映出来。以三维地震勘探技术为核心的高精度地球物理勘查技术的应用，极大地提高了煤炭综合勘查的效率，在预测矿体、划分大地构造单元、圈定岩体和断裂（如大型侵入体的分布及规模、喷出岩的范围、大断裂及破碎带的位置等）、研究基底起伏和固定含煤远景区、预测煤层自燃区边界等方面均取得了长足进步。

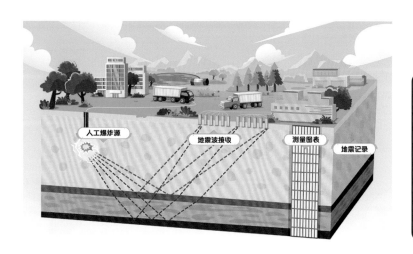

地震勘探示意图

近年来开发的地震新技术，试图从地面、钻孔、矿井内准确地研究小型构造，这些方法包括：

1. 地面高分辨率地震法。此法提高时间和空间采样率，改善检波器特性和埋置条件，激发高频信息并进行高分辨率处理。在有利条件下，此法可探测落差10米的断层。

2. 同层地震（槽波地震）法。此法用于巷道或采掘工作面上。由于煤层的波速、密度低于顶底板岩层，因此，在煤层内激发时，可产生煤层内特有的槽波。在一定条件下，槽波被限制在煤层内传播。如果，在同一煤层内布置激发点和接收点，就可准确地发现落差仅1米或稍大于煤层厚度的小断层并判断其延伸。同层地震法有反射法和透射法两种，同层地震法已在各国广泛使用。

3. 孔间地震法。此法在一个钻孔中激发，在另一个钻孔中接收反射波，用于研究孔间反射层。其特点是不受地表风化层的影响，获得较高的频率信息。孔间地震法主要用于研究孔间的地质构造。

此外，横波技术、矿井高分辨率地震勘探技术等也在煤田勘探开发中取得了良好效果。

地球物理测井

地球物理测井简称测井，是在钻孔中使用测量电、声、热、放射性等物理性质的仪器，以辨别地下岩石和流体性质的方法，是勘探和开发油气田、煤田的重要手段。

煤田中的钻孔进行地球物理测井，主要用于确定煤层和岩层的深度、厚度及其结构，含水层的深度和厚度，裂隙发育带、断层点、破碎带、地温异常带的位置，放射性物质的赋存状况等。采用数字记录和数字处理技术，还可以测定煤层的煤质（主要是碳、灰分、水分的含量）和岩层的物理、力学性质等。由于地球物理测井所取得的地质资料精度不断提高，解决地质问题的范围不断扩大，因此，在某些地质条件、物性条件较好的地区广泛采用无岩芯钻进，大大提高了钻探效率，降低了勘探总费用。

常用的测井方法有：电法测井、声波测井、放射性测井、井温测量、地层产状测量、井径测量和井斜测量等。

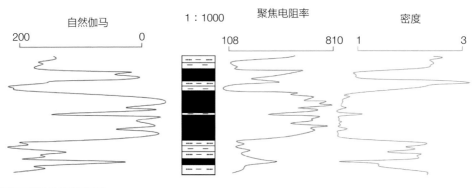

煤层测井曲线特征图

来自天空的信息——遥感

地学遥感是指从远距离、高空以至外层空间的平台上，利用可见光、红外、微波等探测仪器，通过摄影或扫描方式，对电磁波辐射能量的感应、传输和处理，从而识别地面物体的性质和运动状态的现代化技术系统。遥感按电磁辐射源的性质不同分为主动遥感和被动遥感两种基本方式，前者如雷达，使用人工电磁辐射源；后者如摄影，使用太阳等自然辐射源。

遥感研究对象和主要内容

遥感研究对象是地球表面和表层地质体（如岩石）、地质现象（如火山喷发）的电磁辐射的各种特性。研究的目的是有效识别地质体的物性与运动状态，在此基础上，为地质构造研究、矿产资源勘查、区域地质调查、环境和灾害地质监测等工作服务。

研究内容主要有：①各类地质体的电磁辐射（反射、吸收、发射等）特性及其测试、分析与应用；②遥感数据资料的地学信息提取原理与方法；③遥感图像的地质解译与编图；④遥感技术在各个领域的具体应用和实效评估。

遥感技术系统与技术特点

遥感技术系统包括遥（传）感器和运载工具、信息的接收与预处理及分析解译系统三个部分。第一部分主要是遥感仪器及其运载工具—遥感平台；第二部分包括遥感信息的接收、记录、预处理及储存，主要是地面接收站的工作与设备；第三部分涉及图像处理及解译分析和应用。

遥感的技术特点是：

1. 视域宽广。居高俯视，单幅图像覆盖面积很大，便于进行地学大区域宏观观察与分析对比。

2. 信息丰富。包括可见光、红外、微波多波段遥感，能提供超出人视觉以外的大量地学信息。

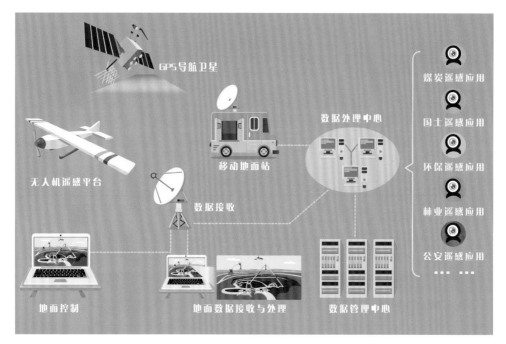

遥感技术原理示意图

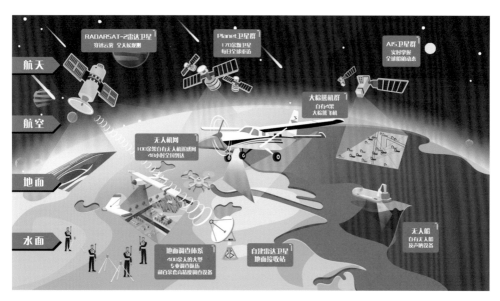

遥感采集网示意图

北斗卫星

3. 定时、定位观测。能周期性监测地面同一目标地质体，有利于对比分析其特点，并可以对某些地质现象（如火山喷发、洪水过程）作动态分析。

4. 遥感资料的计算机处理技术的广泛应用，使多种地学资料的综合分析、地学信息提取、地学数据库的建立有了技术上的保障。

遥感地质学的发展历史

遥感科学是从航空摄影测量逐步演变发展起来的，是通过一些高科技军事侦察技术的解密和转向民用而成长起来的。遥感科学的发展历史通常分为：第二次世界大战前的早期阶段，此阶段实际上是航空摄影阶段；1937—1960年的中期阶段，其标志是成像技术从航空摄影发展到电视、扫描、雷达等多种方法，成像取得的资料应用从军事侦察及民用摄影测量推广到民用各个行业；第三阶段即20世纪60年代以后，可以用下列几点表明遥感技术已摆脱单一航空摄影成像，发展成为遥感科学。其标志是：①民用航天技术出现，尤其是美国地球资源技术卫星（ERTS）的发射成功，标志着民用航天遥感阶段的开始，使遥感定时、定位观测与对比解译，在技术上成为可能，经济上变得合算，并使人类对地球的观测从高空扩展到外层空间；②新型遥感器技术的应用使电磁波谱从可见光摄影扩展到红外、微波波段，延伸了人的感官，扩大了信息源；③大型电子计算机的开发和使用，为遥感图像处理技术奠定了基础，使从遥感获得的大量数据资料得以及时处理并提供给用户，使得民用遥感技术走向实用化和商业化。

遥感在煤炭资源调查中的应用

来自太阳的电磁波在岩石表面产生反射,绝对零度(零下273.15摄氏度)以上的物体会发射相应波长的电磁波,在可见光、近红外和热红外形成各自光谱分布,不同组分的岩石形成不同的光谱,光学遥感就是依据这些光谱特征(能量、谱形等)来探测目标的,了解、认识了这些光谱特征,就能够利用遥感信息提取技术识别它们。含煤岩系具有特定的岩石(岩层)组合,表现出特定的光谱分布特征,这就是从遥感图像上识别含煤地层甚至煤层的理论依据。

影响岩石光谱特征的主要因素:岩石的组分、结构构造、风化作用、表面特征(苔藓或风化物等覆盖物厚度与类型、浸染物作用等)、背景地物(土壤、植被等)。

煤炭资源调查中遥感应用一般包括4个研究内容:①分析煤系及相关地质体的电磁波谱特征。②确立煤系及相关地质体在遥感图像上的解译标志。③遥感图像的专题信息提取。④遥感技术在煤田地质制图、资源勘查等方面的应用。

煤炭遥感应用初期,主要用于地形制图和煤炭地质调查,随着遥感技术不断深入和完善,出现了煤炭遥感地质填图,极大地提高了填图工作效率。经过多年来不断探索、创新和发展,煤炭遥感技术已形成了航空高光谱、航天高分辨率、地面探测以及与GPS、GIS(地理信息系统)相结合的较为完善的"3S"技术应用体系,被广泛应用于煤炭资源调查、评价的众多方面,取得了良好的社会效益和经济效益。

当前,遥感技术在煤炭领域的应用和研究热点包括:煤炭资源及煤炭伴生矿产资源调查、高精度煤田地质填图、煤炭基地水资源调查、煤矿区地质灾害调查与监测、生态环境调查与动态监测、矿区地表开采沉陷监测以及矿山地理信息系统与数字矿山建设等方面。

遥感技术以其视域广、效率高、成本低、综合性强以及多层次性、多时相性、多波段性等特点,成为煤炭资源调查评价的重要技术手段，随着遥感传感器种类的增多、遥感图像分辨率的提高以及遥感数据处理和信息提取技术的发展，遥感技术的应用前景日趋广阔。

中国煤炭资源地域分布的广泛性，导致不同地区遥感找煤方法的差异。在中国西部广大地区，煤层煤系出露较好，地质工作程度低，人类活动干扰少，遥感解译可以直接以寻找煤层煤系为目标，通过大范围中小比例尺遥感地质调查，选择赋煤有利区段，开展较大比例尺的遥感地质填图或地表地质填图，结合常规地质手段，经济、高效地发现煤炭资源。而在中国东部地质工作程度较高、植被和新生界覆盖较多的隐伏和半隐伏地区，遥感技术应用则应以查明控煤构造、间接找煤为目标，同时重视与物探、钻探等多元地学信息的综合。

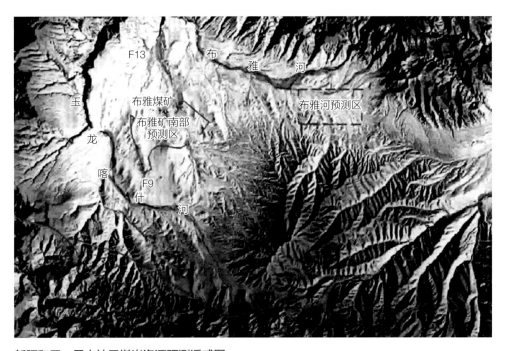

新疆和田—民丰地区煤炭资源预测遥感图

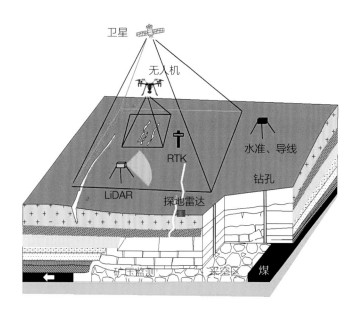

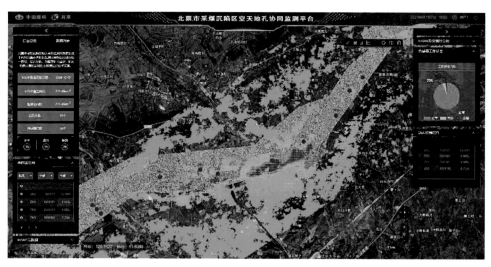

协同监测平台集InSAR卫星遥感+GNSS卫星导航（空）、无人机航摄（天）、全站+水准测量（地）和钻孔内移动监测+工作面矿压监测（深）于一体，可实现对采空区覆岩和地表变形全空间高精度协同监测，实现"空、天、地、深"四维一体协同监测，为采煤沉陷控制效果检验及预警提供实测数据。

第七章

给煤田画像

地质工作者通过各种勘探技术获得了煤层的信息，必须传递给煤矿设计和开采人员，才能用于煤炭资源的开发。为了清晰地记录和展示，地质工作者们给煤田画像，绘制了各种图件，如地质地形图、煤炭资源储量图、煤层底板等高线图、地质剖面图等，展示出煤田煤炭资源赋存地质条件和状态。随着计算机技术的发展，地质工作者们还给煤田建立了三维立体模型，进行可视化和透明化的展示。

煤炭赋存于含煤岩系之中，位于顶、底板岩石之间，大多呈层状展布。煤层的层数、厚度、产状和埋藏深度等，受古构造、古地理及古气候条件制约。煤层的赋存状况是确定煤田经济价值和开发规划的重要依据。

通过野外踏勘和各种勘探技术获得的煤层的信息必须进行展示和记录，这些信息都与空间位置息息相关，于是地质工作者们绘制了各种图件，如地质地形图、煤炭资源储量图、煤层底板等高线图、地质剖面图等，这些图件是煤田的直观画像，展示出煤田煤炭资源赋存地质条件和状态。

地质填图

地质填图是指在野外实地观察研究的基础上，按一定比例尺将各种地质体和地质现象填绘在地理底图上而构成地质图的工作过程，简称填图。地质填图贯穿勘探的各个阶段，只是详细程度和精确度不同。除测量地形外，还对天然煤层露头进行测量和描述，把煤系地层、煤层产状和构造等绘制在地形图上。

产状的三要素

矿体产状是指矿体产出的空间位置和地质环境。煤层产状即煤层的产出状态，由倾角、走向和倾向构成煤层在空间中产出状态和方位的总称。除水平煤层呈水平状态产出外，一切倾斜岩层的产状均以其走向、倾向和倾角表示，称为煤层产状三要素。

地层产状测量示意图

走向

煤层层面与任一假想水平面的交线称走向线，也就是同一层面上等高两点的连线。走向线两端延伸的方向称岩层的走向，岩层的走向也有两个方向，彼此相差180°。岩层的走向表示岩层在空间的水平延伸方向。

倾向

层面上与走向线垂直并沿斜面向下所引的直线叫倾斜线，它表示煤层的最大坡度。倾斜线在水平面上的投影所指示的方向称煤层的倾向，又叫真倾向，真倾向只有一个，倾向表示煤层向哪个方向倾斜。其他斜交于煤层走向线并沿斜面向下所引的任一直线，叫视倾斜线。它在水平面上的投影所指的方向，叫视倾向。无论是倾向或视倾向，都是有指向的，即只有一个方向。

倾角

　　层面上的倾斜线和它在水平面上投影的夹角，称倾角，又称真倾角。倾角的大小表示岩层的倾斜程度。视倾斜线和它在水平面上投影的夹角，称视倾角。真倾角只有一个，而视倾角可有无数个，任何一个视倾角都小于该层面的真倾角。

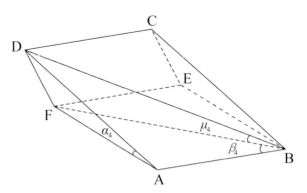

真倾角与视倾角的关系示意图

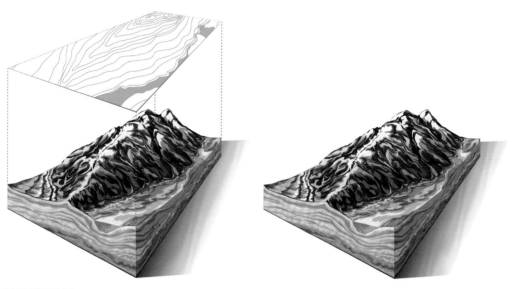

地形图的绘制

如何根据煤层底板等高线确定产状

不同高程的水平面与煤层底板的交线称为煤层底板等高线。

将各条煤层底板等高线，用标高投影的方法，投影到同一水平面上，按照一定比例尺和规定的线条、符号绘制而成的图纸，称为煤层底板等高线图。

煤层走向

倾斜煤层的层面与水平面的交线称为煤层的走向线，如图中ab线，走向线方向称为煤层的走向，煤层的走向用方位角表示。根据煤层底板等高线图的成图原理可知，图上煤层底板等高线就是煤层的走向线，因而煤层底板等高线的方向就是煤层的走向，它表明了煤层沿水平面延伸变化的方向。

煤层倾向

煤层层面上垂直于走向线，且沿层面向下的直线，称为煤层的倾斜线，如图中的ce线；倾斜线在水平面上的投影方向，称为煤层的倾向，如图中的cd线，煤层的倾向也用方向角表示，它与走向相差90°，煤层倾向表明了倾斜岩层向地下深处延伸的方向。

煤层倾角

倾斜线于水平面所夹的锐角α，称为煤层的倾角。即倾斜煤层面与水平面所夹的最大锐角，如图中的α角。在倾斜煤层面上，除倾斜线外，其他方向线与水平面的夹角成为伪倾角。

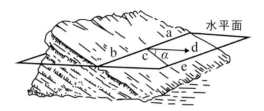

ab—走向线；ce—倾斜线；cd—倾向；α—倾角

煤层走向、倾向、倾角示意图

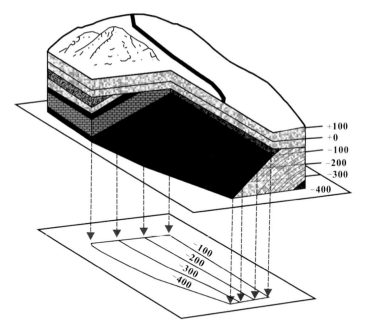

煤层底板等高线投影示意图

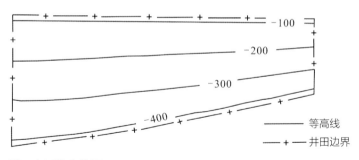

煤层底板等高线图

　　我们知道，煤层的产状是描述煤层的空间形态的，但是在实际开采中，你会发现煤层的空间形态是在不断变化的，于是煤层的产状也是在不断变化的。

　　在一个井田范围内，地质构造是多种多样的，有的简单，有的复杂，概括起来，可以归纳为单斜构造、褶皱构造和断裂构造三种基本构造类型。煤层底板等高线图是反映煤层空间产状的一种图件，因此根据产状的变化，就能正确地判断井田内的各种构造。

近水平地层

条纹紫色砂岩地层近水平地层

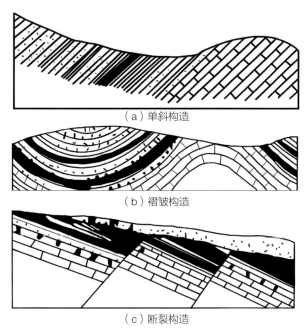

（a）单斜构造

（b）褶皱构造

（c）断裂构造

煤层构造示意图

新疆某煤矿的煤层露头剖面

单斜构造

在一定范围内，一系列岩层大致向一个方向倾斜。这种构造称为单斜构造。在较大范围内，单斜构造往往是其他构造的一部分，或是褶曲的一翼，或是断层的一盘。

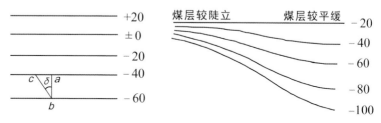

煤层走向稳定和变化较大时等高线示意

单斜地层

单斜构造在煤层底板等高线图上表现有以下两个特点：

1. 煤层底板平整，走向稳定，倾角均匀，则煤层底板等高线表现为平距大致相等的一组平行直线。

2. 煤层走向发生变化时，则表现为煤层底板等高线发生弯曲；倾角发生变化时，则表现为煤层底板等高线之间的水平距离的变化，平距越大，倾角越小；反之平距越小，倾角越大。

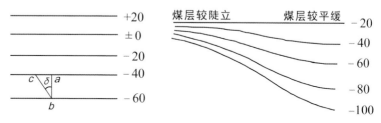

煤层较陡立　　煤层较平缓

褶皱构造

岩层受到水平方向挤压后，经过塑性变形而形成波状弯曲，但没有失去原有的连续性，这种构造称为褶皱构造。褶皱构造每一个弯曲的部分称褶曲，它为组成褶皱的基本单位。其中，褶曲向上弯曲称背斜，向下弯曲称向斜。

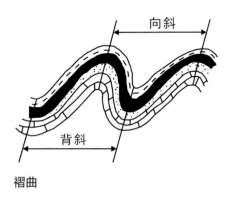

褶曲

褶曲的形态是多种多样的。褶曲的枢纽为水平或近于水平的称为水平褶曲；褶曲沿一定方向倾伏，枢纽为倾斜的称为倾伏褶曲，褶曲中同一岩层面与水平面交线的纵向长度和横向宽度之比小于3：1时，背斜称穹隆，向斜称构造盆地。

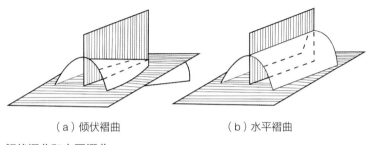

（a）倾伏褶曲　　　　　　（b）水平褶曲

倾伏褶曲和水平褶曲

1. 水平褶曲的煤层底板等高线为一组大致平行的直线。两侧等高线的标高大，中间标高数值小，为水平向斜；反之，为水平背斜。

2. 倾伏褶曲的煤层底板等高线表现为一组不封闭的曲线，各等高线转折点的连线为褶曲轴线。这组等高线，凡转折端凸起指向标高数值大的方向时，为倾伏向斜；反之，当转折端凸起指向标高数值小的方向时，为倾伏背斜。

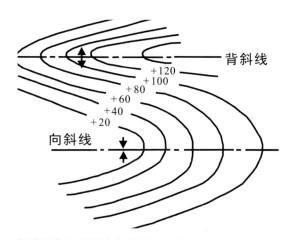

倾伏褶曲在底板等高线上的表现

褶皱剖面

3. 煤层底板等高线的密集程度，反映着褶曲的特征。如底板等高线密集，反映煤层倾角大，构造变化急剧，如上图的背斜部分；等高线稀疏，则反映煤层倾角小，构造变化缓慢，如上图的向斜部分；轴线两翼等高线平距对应相等，说明两翼倾角相等，构造对称。

4. 穹隆及构造盆地的煤层底板等高线都是封闭的曲线，由边缘向中心，等高线标高逐渐增高的为穹隆；反之，由边缘向中心，等高线标高逐渐降低的为构造盆地。

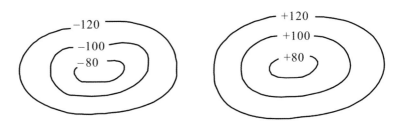

穹窿和构造盆地在等高线上的表现

断层构造

煤层受力发生断裂，失去了连续性和完整性，这种构造形态称为断裂构造。断裂后的岩体若沿断裂面发生明显的相对位移，这种断裂构造称为断层。主要特征是连续沉积煤层遭到破坏，出现断失和重复现象。

岩层断裂后，上盘相对下降、下盘相对上升的断层，称为正断层；反之，上盘相对上升、下盘相对下降的断层，称为逆断层。

在煤层底板等高线图上，煤层底板等高线中断并错开，就表示有断层。

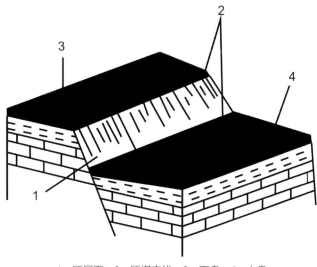

1—断层面；2—断煤交线；3—下盘；4—上盘

断层要素示意图

平移断层

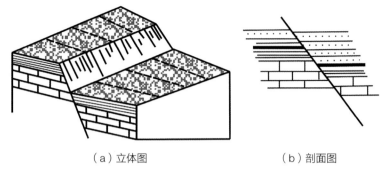

（a）立体图　　　　　　　　（b）剖面图

正断层立体及剖面示意图

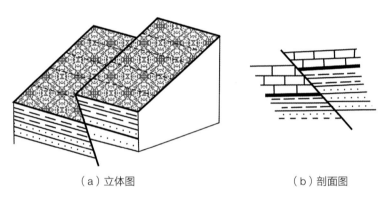

（a）立体图　　　　　　　　（b）剖面图

逆断层立体及剖面示意图

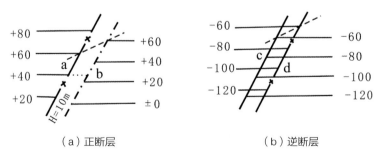

（a）正断层　　　　　　　　（b）逆断层

断层在煤层底板等高线图上的表现

砂岩地层变形断层

各种形态煤层

**煤炭资源
怎样计量**

　　各勘查阶段估算的垂深一般为1000米，只适于建小型井的不超过600米。一般情况下，垂深的起算点在平原地区以地面标高起算，在丘陵、低山区一般以最低侵蚀基准面起算，在中、高山区以含煤地层（或主要含煤段）出露的一般（或平均）标高起算。对于老矿井的深部，一般以现在井口标高作为垂深的起算点。

　　煤层倾角小于60°时，在水平投影图上估算资源量；当倾角等于或大于60°时，则应在垂直投影图或立面展开图上进行估算。

　　煤层倾角小于15°时，可以利用煤层的铅垂厚度和水平投影面积估算资源量；倾角等于或大于15°时，则应以煤层的真厚度和斜面积进行估算。

　　分析研究采矿、洗选加工、基础设施、经济、市场、法律、环境、社区和政策等因素（简称转换因素），通过预可行性研究、可行性研究或与之相当的技术经济评价，认为矿产资源开发项目技术可行、经济合理、环境允许时，探明资源量、控制资源量按照有关要求转为储量。

三维制图

　　二维图件不能将所有的资料都集中在图纸上，内容较为单一。如果地质图仅显示一个平面，就只能显示出单层的信息，而且柱状图也只能显示一个纵深点，剖面图仅能反映出一个横切面，都无法将煤田地质资料进行全面的展示。随着计算机等新技术新方法的广泛应用，提高了地质图绘制速度，提升了地质图所能记录的信息量。通过多个剖面的组合可以建立三维地质模型，立体展示煤层和相关地质体的实际信息，为透明矿井的建立和智能化开采的实现打下了基础。

三维制图是一项非常实用简便的技术，只要对野外地质资料进行采集之后，根据各地区不同的情况利用建模软件建立相对应的数学模型，然后计算机就能按照数学曲线进行绘图工作，通过渲染技术形成立体图形。其主要功能有：可以根据三维制图建立出可视化模型，根据模型快速输出地质剖面图、平切面图、钻孔柱状图等二维地质图；具有全功能地质数据库系统，可涵盖地质、勘探、试验等资料；能快速实现任意二维工作面并形成独立工作界面，随时进行切换、定位、复制、粘贴，在对图形进行修改时，结果能自动反映在三维图件中；精准计算地质面积、体积，分析统计地质体之间的空间位置关系等。

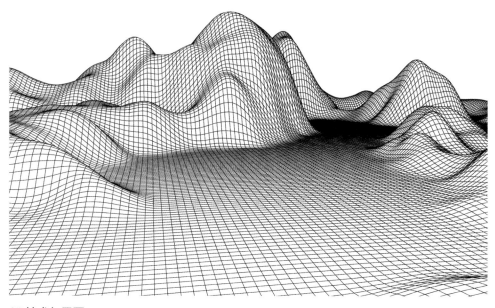

3D技术矢量图

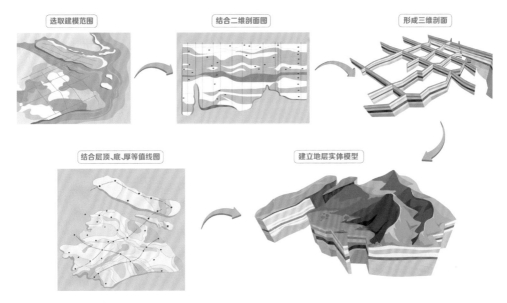

选取建模范围　　　　结合二维剖面图　　　　形成三维剖面

结合层顶、底厚等值线图　　　　建立地层实体模型

三维煤田地质图件

　　古往今来，几乎人类所有活动都是发生在地球上，都与地球表面位置（即地理空间位置）息息相关，随着计算机技术的日益发展和普及，在展现特定的空间信息的同时关联对应的人文、地理、地质和矿产等信息成为可能，逐步发展出了GIS。

　　GIS有时又称为"地学信息系统"，是一种特定的十分重要的空间信息系统。它是在计算机硬、软件系统支持下，对整个或部分地球表层（包括大气层）空间中的有关地理分布数据进行采集、储存、管理、运算、分析、显示和描述的计算机系统。

　　一个单纯的经纬度坐标只有置于特定的地理信息中，代表为某个地点、标志、方位后，才会被用户认识和理解。用户在通过相关技术获取到位置信息之后，还需要了解所处的地理环境，查询和分析环境信息，从而为用户活动提供信息支持与服务。GIS是一种基于计算机的工具，它可以对空间信息进行分析和处理

（简而言之，是对地球上存在的现象和发生的事件进行成图和分析）。GIS技术把地图这种独特的视觉化效果和地理分析功能与一般的数据库操作（例如查询和统计分析等）集成在一起。

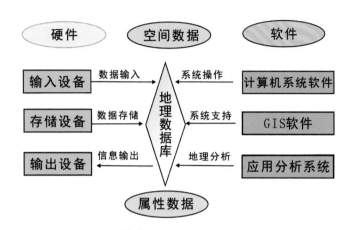

地理信息系统的组成框架图

煤田地质勘探工作中，始终伴随着信息采集，数据的收集和管理是GIS的核心功能。GIS能够实现对空间数据库的管理，获取矿山地质信息，并对数据进行分析和处理。数据处理的主要方式包括坐标转换、拓扑关系和图形编辑等，在运算、分析过程中提出问题数据，对缺失部分数据进行补充，保证勘测数据的完整和真实。地理信息平台能够记录采集和处理过的信息数据，为矿山勘测后的开采工作提供信息参考。例如，在应用空间索引机制查询信息功能时，能够查询空间关系和属性等特征，并在地理信息平台上显示出来。GIS应用的主要优点包括：

效率高

GIS是在确定时间下，对矿山进行勘测并采集信息，通过对同一观测对象，在二维空间的定位，展示出多维属性特征。不同时间采集的信息是不同的，因此，GIS可以通过调整测绘时间

世界上第一个地理信息系统

1967年，世界上第一个真正投入应用的GIS由加拿大联邦林业和农村发展部在安大略省的渥太华研发。罗杰·汤姆林森博士开发的这个系统被称为加拿大地理信息系统（CGIS），用于存储、分析和利用加拿大土地统计局（CLI，使用1：50000比例尺，利用关于土壤、农业、休闲、野生动物、水禽、林业和土地利用的地理信息，以确定加拿大农村的土地能力。）收集的数据，并增设了等级分类因素来进行分析。

CGIS是"计算机制图"应用的改进版，它提供了覆盖、资料数字化/扫描功能。它支持一个横跨大陆的国家坐标系统，将线编码为具有真实的嵌入拓扑结构的"弧"，并在单独的文件中存储属性和区位信息。由于这一结果，汤姆林森被称为"地理信息系统之父"。

来区分收集的信息。矿山的测绘工作普遍在艰苦的野外条件下，GIS不仅具备信息采集处理分析能力，还满足矿山勘测的其他要求，利用设备及软件的先进性能够节约人力，提高了矿山测绘工程的效率。

测绘精准

在矿山测绘工程中，通过使用iRTK（智能实时动态测量技术）、GPS、无人机、全站仪等，通过调平和观测，确保设备的精准度，降低人为误差。在 GIS系统中按照矿山测绘工作的要求，建立信息化数据系统，结合遥感影像绘制出更加精准的矿山矢量数据及3D模型。

优化GIS内部数据

利用地理信息技术对矿山勘测数据进行采集，通过空间数据管理的核心功能，以储存在系统中的测绘数据为基础，对GIS内部数据结构、栅格数据结构进行不断优化。在勘测过程中，可以随时利用空间索引机制，查询矿山的空间关系。例如，在绘制矿山的地貌时，通过实时记录局部的地形地貌的变化，获取不断更新的图像，在模拟绘制矿山地形地貌变化时，可以提供精准图像信息和数据。矿山测绘工程中，GIS为矿山地质勘测工程获取的信息提供保障。GIS能够采集测绘技术的数据，通过GIS建立子数据库，与GIS数据库建立联系，为矿山的勘测工程提供更多精准地理测绘信息。

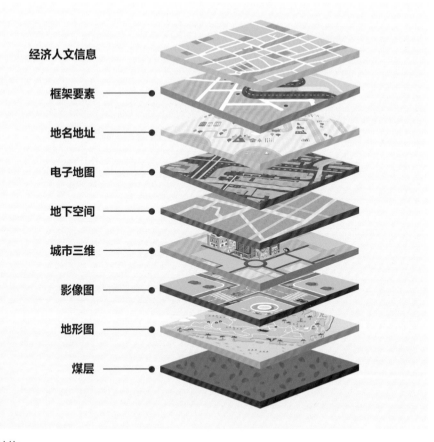

经济人文信息

框架要素

地名地址

电子地图

地下空间

城市三维

影像图

地形图

煤层

GIS图层结构

透明矿井

如果地球像玻璃一样透明，我们可以清楚看到地球内部的一切，这将是怎样一幅景象？大数据时代，利用信息技术使地质结构和地质过程可视化的"数字地球""玻璃地球"等计划有望带来地质研究、矿产勘察和工程勘察的巨大变革。

美国副总统戈尔于1998年1月在加利福尼亚科学中心开幕典礼上发表的题为"数字地球：认识21世纪我们所居住的星球"演说时，提出的一个与GIS、网络、虚拟现实等高新技术密切相关的概念。在戈尔的文章内，他将数字地球看成是"对地球的三维多分辨率表示，它能够放入大量的地理数据"。在接下来对数字地球的直观实例解释中可以发现，戈尔的数字地球是关于整个地球、全方位的GIS与虚拟现实技术、网络技术相结合的产物。数字地球要解决的技术问题，包括计算机科学、海量数据存储、卫星遥感技术、宽带网络、互操作性、元数据等。

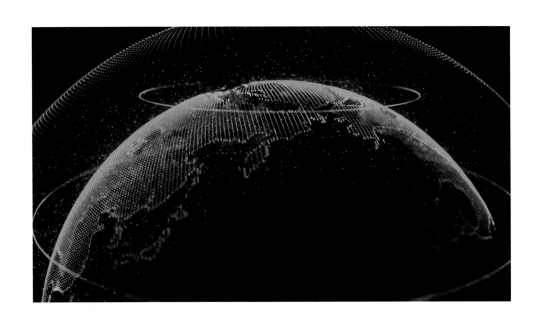

2001年，澳大利亚政府率先启动"玻璃地球"计划。荷兰、加拿大、英国、法国、德国和美国等多个国家也都将三维地质填图及三维地质模型放在了地质调查工作的核心位置。

从2000年开始，中国地质矿产行业的一些企事业单位，根据信息化的需要，尝试开展了"数字矿山""数字盆地""数字油田""数字煤田""数字工程""数字地质灾害""数字水利""数字航道""数字道路"等建设。一些高等学校和研究机构也相继开展了三维地质信息技术和三维地质建模的理论、方法研发。所有这一切，都可看作是"数字地球""玻璃地球"建设的有机组成部分。

煤炭资源的勘探和开发也需要"大数据"，建设透明矿井，为矿山设计、生产作业、安全管理等实现智能化提供了基础平台和决策支持。煤矿智能化开采中，远程无人化操控的采煤机等装备的定位精度已经达到"厘米级"、下达指令的传输时间达到"毫秒级"，这就要求地质保障技术能够为智能化开采提供及时、精准的电子地图。未来的智慧矿山是煤矿智能化开采技术发展的最高形式，它将融合物联网、云计算、大数据、人工智能、自动控制、移动互联网、机器人化装备等，形成自主感知、万物互联、自学习、自决策、自控制的高度智能系统。这一系统的建立要基于可靠的地质保障，急需煤矿地质透明化技术与装备。

透明矿井是从地质保障技术出发面向智能开采的基础技术，利用三维地震、定向钻探、槽波地震、钻孔物探、微震监测、电阻率监测等先进的精细探测、监测技术获取地质信息，以大数据和云计算为基础，借助三维动态可视化建模、同步映射、人工智能等技术，实现数据、信息、知识三层架构下的全息透明，构建面向智能开采的透明矿井综合感知指标体系，协同集成煤矿生产系统，实现矿井全生命周期内的生产活动动态监管和预警，形成服务于煤炭工业的安全生产、智能开采的工业应用软件平台，提供完整的智能开采地质保障解决方案。

透明地质智能开采中心

参考资料

贝德福德. 我们的地球：煤炭[M]. 北京：科学普及出版社，2015.

焦养泉，吴立群，荣辉. 聚煤盆地沉积学[M]，武汉：中国地质大学出版社，2015.

李增学. 煤地质学[M]. 北京：地质出版社，2009.

吕大炜，潘拥军，梁吉坡. 地下乌金：煤[M]. 济南：山东科学技术出版社，2016.

秦勇. 化石能源地质学导论[M]. 徐州：中国矿业大学出版社，2017.

孙旭东，张博，彭苏萍. 我国洁净煤技术2035发展趋势与战略对策研究[J]. 中国工程科学，2020，22（03）：132-140.

Zhang Zhenhua, Ma Xiaoya, Liu Yannan, et al. Origin and evolution of green plants in the light of key evolutionary events[J]. Journal of Integrative Plant Biology, 2022, 64(2), 516-535.

阿果石油网. 沉积相模式图集[M]. 2009.6. www.agoil.cn

李勇，潘松圻，宁树正，等. 煤系成矿学内涵与发展——兼论煤系成矿系统及其资源环境效应[J/OL]. 中国科学：地球科学，2022（08）：1-18. http://kns.cnki.net/kcms/detail/11.5842.P.20220609.1026.002.html

刘刚. 鄂尔多斯盆地富县水磨沟长8段致密油藏源—储配置关系测井评价[D]. 西北大学，2019.

刘宇. 煤镜质组结构演化对甲烷吸附的分子级作用机理[D]. 中国矿业大学，2019.

宋到福，王铁冠，钟宁宁，等. 中国北疆泥盆纪角质残植煤的发现及其对比研究[J]. 中国科学：地球科学，2021，51（05）：753-762.

杨起，韩德馨. 中国煤田地质学[M]. 北京：煤炭工业出版社，1979.

郁志云，裴育峰，施大钟. "煤中取水"高效褐煤发电技术研究与应用[J]. 中国电力，2016，49（07）：96-101.

韩德馨. 中国煤岩学[M]. 上海：华东师范大学出版社，1996.

王佟. 中国煤炭地质综合勘查理论与技术新体系[M]. 北京：科学出版社，2013.

王佟. 中国南方贫煤省区煤炭资源赋存规律及开发利用对策[M]. 北京：科学出版社，2011.

中国煤田地质总局. 中国煤岩学图鉴[M]. 徐州：中国矿业大学出版社，1996.

中国煤田地质总局. 中国煤炭资源赋存规律与资源评价[M]. 北京: 科学出版社, 2017.

陈诚, 宋香锁, 张超. 寒武纪统治者:三叶虫[M]. 山东科学技术出版社, 2016.

陈家良, 邵震杰, 秦勇. 能源地质学[M]. 济南: 中国矿业大学出版社, 2004.

刘大锰, 李振涛, 蔡益栋. 煤储层孔-裂隙非均质性及其地质影响因素研究进展[J]. 煤炭科学技术, 20115, 43（02）: 10-15.

马建伟. 地火无情——自燃的煤层[J]. 中国国家地理, 2002,（03）: 112-121.

孙英峰. 基于煤三维孔隙结构的气体吸附扩散行为研究[D]. 中国矿业大学（北京）, 2018.

姚艳斌, 刘大锰, 蔡益栋, 等. 基于NMR和X-CT的煤的孔裂隙精细定量表征[J]. 中国科学:地球科学, 2010（011）: 1598-1607.

张双全. 煤化学[M]. 徐州: 中国矿业大学出版社, 2019.

中国煤田地质总局. 中国煤岩学图鉴[M]. 徐州: 中国矿业大学出版社, 1996.

甘晓. 让地球一定深度"透明": 大数据时代的"玻璃地球"[N]. 中国科学报, 2014-04-24

吴冲龙, 刘刚. "玻璃地球"建设的现状、问题、趋势与对策[J]. 地质通报, 2015, 34（07）: 1280-1287.

彭苏萍. 我国煤矿安全高效开采地质保障系统研究现状及展望[J]. 煤炭学报, 2020, 45（7）: 2331-2345.

钟宁宁. 碳酸盐岩有机岩石学[M]. 北京: 科学出版社, 1995.

Dylan Glbson. 地质年代表图, http://www.dylangibsonillustration.co.uk/.

傅家谟, 刘德汉, 盛国英. 煤成烃地球化学[M]. 北京: 科学出版社, 1990.

胡社荣. 煤成油理论与实践[M]. 北京: 地质出版社, 1998.

王双明, 王虹, 任世华, 等, 西部地区富油煤开发利用潜力分析和技术体系构想[J]. 中国工程科学, 2022, 24（3）: 50-57.

魏焕成, 徐智彬. 煤资源地质学[M]. 北京: 煤炭工业出版社, 2007.

刘文秋, 李海军. 煤炭加工技术与清洁利用创新研究[M]. 天津: 天津科学技术出版社, 2019.

戴金星，倪云燕，廖凤蓉，等. 煤成气在产气大国中的重大作用[J]. 石油勘探与开发，2019，46（3）：417-432.

冯子齐，黄士鹏，吴伟，等. 北美页岩气和我国煤成气发展历程对我国页岩气发展的启示[J]. 天然气地球科学，2016，27（3）：449-460.

李登华，高媛，刘卓亚. 中美煤层气资源分布特征和开发现状对比及启示[J]. 煤炭科学技术，2018，46（1）：252-261.

傅雪海，秦勇，韦重韬. 煤层气地质学[M]. 徐州：中国矿业大学出版社，2007.

代世峰，赵蕾，魏强，等. 中国煤系中关键金属资源：富集类型与分布[J]. 科学通报，2020，65（33）：1-15.